RÜTTELDRUCKVERDICHTUNG ALS PLASTODYNAMISCHES PROBLEM
DEEP VIBRATION COMPACTION AS PLASTODYNAMIC PROBLEM

ADVANCES IN GEOTECHNICAL ENGINEERING AND TUNNELLING

2

Rütteldruckverdichtung als plastodynamisches Problem

Deep vibration compaction as plastodynamic problem

W. FELLIN
University of Innsbruck, Institute of Geotechnics and Tunnelling

A.A.BALKEMA/ROTTERDAM/BROOKFIELD/2000

Published by
A.A.Balkema, P.O.Box 1675, 3000 BR Rotterdam, Netherlands
Fax: +31.10.4135947; E-mail: balkema@balkema.nl; Internet site: http://www.balkema.nl

A.A.Balkema Publishers, Old Post Road, Brookfield, VT 05036-9704, USA
Fax: 802.276.3837; E-mail: info@ashgate.com

ISSN 1566-6182
ISBN 90 5809 314 X hardbound edition
ISBN 90 5809 315 8 student paper edition

Inhaltsverzeichnis

v

Wir sind wie Autos. Wir trinken wie Autos, laufen
schnell wie Autos, haben keine Zeit mehr, „Guten
Tag" oder „Auf Wiedersehen" zu sagen. Wir sind wie
das Kaninchen von Alice: schnell, schnell, schnell . . .
Wir kommen immer zu spät, auch wenn wir zu früh
kommen . . .

Valerie, 9 Jahre [1]

---

[1] VIRILIO, P.: Fahren, fahren, fahren . . . , Berlin 1978

Zusammenfassung

Das Verfahren der Rütteldruckverdichtung ist ein Verfahren zur Untergrundverbesserung von nichtbindigen Böden bis in Tiefen von 40 m. Es wird seit ca. 1936 erfolgreich verwendet. Das wesentliche Problem ist, daß zwar alle wissen, daß es funktioniert, aber niemand genau wie. Ebenso sind die bis jetzt verwendeten Verfahren zur Qualitätskontrolle während des Rüttelns unzureichend, um eine definitive Aussage über den Verdichtungserfolg zu treffen.

In dieser Arbeit wird gezeigt, welche Informationen aus der Bewegung des Rüttlers als zusätzliche Qualitätskontrolle und Indikator für die Verdichtungswirkung verwendet werden können. Diese Informationen können auch direkt während des Rüttelns ausgewertet werden und bieten dadurch die Möglichkeit einer „on-line Verdichtungskontrolle".

Weiters wird die Wellenausbreitung vom Rüttler in den anelastischen Boden als plastodynamisches Problem behandelt. Dazu wird der Boden mit einem hypoplastischen Stoffgesetz beschrieben, und die daraus folgende anelastische Wellengleichung numerisch mit einer Methode zur Lösung von Erhaltungsgleichungen gelöst.

Aus den Analysen der Wellenausbreitung folgt eine Abschätzung der Dichtesteigerung und der Verdichtungsreichweite.

Schlagwörter:

Rütteldruckverdichtung, Tiefenverdichtung, on-line Verdichtungskontrolle, Verdichtung, Plastodynamik, anelastische Wellenausbreitung, anelastische Bodendynamik, Hypoplastizität, Riemannproblem, Godunov Verfahren, Numerik, Kontinuumsmechanik

Abstract

Deep vibration compaction (vibroflotation) is a method of ground improvement up to depths of 40 m. It has been successfully used since 1936.

The major problem with this method is, that, inspite of the fact that the method performs well, nobody knows how it works. The methods of checking the quality of the compaction during the vibration are unreliably, in order to verify the actually achieved compaction.

In this Ph.D. Thesis it is shown, what information from the movement of the vibrator can be used as additional quality control and indicator for the compaction. Such information can be analysed directly during compaction, and offers thereby the possibility of an "on line compaction control".

The wave propagation in inelastic soil is treated as a plastodynamic problem. The soil is described by means of a hypoplastic constitutive law. The inelastic wave equation is solved using a numerical method for conservation laws.

From the analyses of the wave propagation an estimation of the density increase and compaction range is given.

Key words: deep vibration compaction, vibroflotation, deep compaction, on-line compaction control, compaction, plastodynamics, inelastic wave propagation, inelastic soildynamics, hypoplasticity, Riemann problem, Godunov's method, numerics, continuum mechanics

Vorwort – Privates

So wie (wahrscheinlich) in jeder Dissertation würde ich jetzt am Ende manche Dinge anders angehen, als sie hier in dieser Arbeit zu finden sind. Aber ich denke, das ist ein gutes Zeichen, denn es bedeutet, daß man etwas gelernt hat. Im Laufe der Arbeit verändert sich auch die Sichtweise auf das gestellte Problem. Mit jeder beantworteten Frage kommen mindestens fünf neue, die dann meist doppelt so schwer zu beantworten sind[2]. Kernpunkte kristallisieren sich heraus, bestimmte Effekte stellen sich als vernachlässigbar heraus, einige Annahmen werden als schlichtweg falsch befunden und einige Dinge bleiben unbeantwortet.

Am Anfang der Geschichte steht eine Idee. Die hat in diesem Fall Herr Kolymbas an mich herangetragen, und sie hat mich interessiert. In der anfänglichen Begeisterung glaubt man noch alle Fragen ·beantworten zu können, das Problem also in seiner vollen Tiefe bearbeiten zu können. Schon bald stellt sich heraus, das dies so einfach nicht ist. Nach einem Literaturstudium, bei dem ich immer das Gefühl hatte, „das" entscheidende Paper zu übersehen, war offensichtlich, daß eigentlich noch ziemlich alles unklar ist, bis auf die Tatsache, daß das Verfahren der Rütteldruckverdichtung existiert und „funktioniert". Die Beschreibungen sind mehr qualitativ und empirisch, die Aussagen mit großen Bandbreiten versehen. Also – ist man fast gleich klug wie zuvor?

Erste Versuche mit klassischen Methoden zeigten qualitativ gute Ergebnisse, waren auch analytisch gut beherrschbar, und gaben das Gefühl, etwas „Handfestes" zu machen. Aber das „Neuland" der anelastischen Wellenausbreitung ist da schon eher eine harte Nuß. Da hier mit analytischen Überlegungen nicht sehr viel zu holen ist, beschäftigte ich mich bald mit Numerik, und wurde fast schon zum Sklaven des Computers. Abgesehen von der generellen Unsicherheit der Richtigkeit der Ergebnisse, die durch vielfältige Vergleichsrechnungen an vereinfachten Systemen etwas eingedämmt werden kann, bleibt oft die generelle Frage offen, ob das numerische Verfahren das Problem wirklich richtig löst. Manche Ansätze in den Verfahren sind mathematisch noch nicht bewiesen, und man muß daher die erhaltenen Lösungen sorgfältig auf ihre Plausibilität prüfen. Auch werden die Rechenzeiten schon bei einfachen Problemen gleich ziemlich hoch, was das Arbeiten auch sehr erschwert. Aber trotzdem ist die anelastische Wellenausbreitung eine sehr interessantes Gebiet mit unendlichen (vielleicht doch abzählbar vielen) offenen Fragen und Möglichkeiten. In dieser Arbeit konnte ich das Gebiet nur streifen und erste Kenntnisse erlangen, die aber auch schon zu einigen schönen Ergebnissen geführt haben.

---

[2]Dabei darf man sich aber keine richtig schwierigen Fragen stellen, wie z.B. : „Wie wirklich wirklich ist die Wirklichkeit?"

Ich möchte an dieser Stelle Herrn Dimitrios Kolymbas für die „Spende" der Idee danken, für die Betreuung, die Möglichkeit diese Arbeit in meiner Zeit als Assistent am Institut mit Mitteln des Institutes zu beenden. Ebenso möchte ich ihm die gute Infrastruktur des Institutes zuschreiben, denn durch andere von ihm beantragte Forschungsprojekte konnten Geräte (Workstations) gekauft werden, die für meine Berechnungen unersetzlich waren.

Auch wenn man eine Dissertation alleine schreibt, gibt es eine Reihe von Menschen, die direkt und indirekt am Gelingen einer solchen Arbeit beteiligt sind. Dazu gehört in meinem Fall Hans Hügel, der am Aufbau der Infrastruktur des Institutes wesentlich beteiligt war, mich in die Geheimnisse von LATEX eingeweiht hat, und damit die Form dieser Arbeit erst ermöglichte. Da war auch noch Dennis Roddeman, der erstens ein wesentliches Unterprogramm für die Implementierung des hypoplastischen Stoffgesetzes im Rahmen eines Forschungsprojektes geschrieben hat, und immer zu Diskussionen über numerische Probleme und Programmiertechniken bereit war. Alexander Ostermann hat mich wesentlich in mathematischen Fragen unterstützt und zur Verwendung des Programmsystems CLAWPACK verführt. Auch Theo Wilhelm war auf seine Weise an dieser Dissertation beteiligt. Er hat mir einiges von dem lästigen EDV-Kram abgenommen, Diskussionen über sein sehr verwandtes Thema der Mischungstheorie haben mein Verständnis erweitert, und generell brachte er ein gutes Klima in die Institutsgruppe, was für ein Zusammenarbeiten sehr wichtig ist.

Danken möchte ich auch allen anderen Heinzelmännchen und guten Feen am Institut, die mir so einige sonstige Arbeiten, gerade in der Schlußphase, abgenommen haben.

Mein Dank richtet sich auch noch an die unzähligen namenlosen Computerfreaks der LINUX-Welt, deren Betriebssystem und Anwendungsprogramme die Arbeiten an meiner Dissertation sehr erleichterten.

Zu guter Letzt danke ich Tanja, die mich in allen Höhen und Tiefen dieser Arbeit ertragen hat[3], und die mich immer wieder an die wirklich wichtigen Dinge im Leben erinnert hat.

---

[3]Wobei die Höhen sicherlich leichter zu ertragen waren.

Einleitung
„Ein kurzer Leitfaden und Überblick"
Introduction – A short guideline and overview

Introduction – A short guideline and overview: This Ph.D.-thesis investigates the deep vibration compaction (vibroflotation). Criteria for on-line compaction control are included.

Two components play a role in the deep vibration compaction, on the one hand the vibrator and on the other hand the surrounding soil. The behaviour of the two components is analysed separately. First the motion of the vibrator is studied, free vibrating in air and embedded in elastic soil (chapter 2). Then the behaviour of the soil during cyclic loading is studied. This is analysed for the cases of static (chapter 3) and dynamic loads (chapters 4 and 5).

The interaction between soil and vibrator has also been considered. This has been accomplished with methods of classical soil dynamics (section 2.6). Based on this analysis some recommendations for on-line compaction control have been inferred. An interaction analysis with consideration of the nonlinear inelastic soil behaviour has been achieved only for very small centrifugal forces (section 5.3).

Readers interested in results only are referred to sections 2.5.2, 2.6.4 and 2.9 (motion of the vibrator) and 4.5.3, 4.6.7, 5.3 (soil behaviour during inelastic wave propagation).

In dieser Arbeit wird die Rütteldruckverdichtung genauer durchleuchtet. Es sollen Kriterien für eine Qualitätskontrolle direkt während der Rüttelung (*on-line*) gefunden werden.

1

An der Rütteldruckverdichtung sind zwei Komponenten beteiligt. Zum einen der *Rüttler* und zum anderen der umgebende *Boden*. Die Rütteldruckverdichtung ist eine Interaktion zwischen den beiden Komponenten.

Das Problem wird so betrachtet, daß zuerst das Verhalten der beiden Komponenten getrennt analysiert wird. Dazu wird der Rüttler in Luft schwingend studiert (Kapitel 2), und das Verhalten des Bodens bei zyklischer Belastung sowohl statisch (Kapitel 3) als auch dynamisch (Kapitel 4, 5) betrachtet. Diese Analysen helfen prinzipiell zu verstehen, was bei der Rütteldruckverdichtung geschieht.

Es wurde auch versucht, die Interaktion zu betrachten. Dies gelang in einer Abschätzung mit Methoden der klassischen Bodendynamik (Abschnitt 2.6). Aus diesen Überlegungen folgen Empfehlungen für eine *on-line Verdichtungskontrolle*. Eine vollständige Interaktion mit anelastischem Bodenverhalten wurde aufgrund von numerischen Problemen nur für sehr kleine Schlagkräfte des Rüttlers gelöst (Abschnitt 5.3).

Die Küche empfiehlt für LeserInnen, die nur an Ergebnissen interessiert sind, zur Bewegung des Rüttlers die Abschnitte 2.5.2, 2.6.4 und 2.9, und zum Bodenverhalten die Abschnitte 4.5.3, 4.6.7 sowie 5.3.

Die Anhänge sind prinzipiell nicht zum Verständnis der eigentlichen Arbeit notwendig. Sie geben aber vertiefende Hinweise, und verringern auch das Nachlesen in der angegebenen Literatur.

Kapitel 1

Stand der Technik, Literaturübersicht
State of the Art

State of the Art: In this chapter the method of deep vibration compaction, which is used since approximately 1936, is explained. An overview of the present knowledge is given.

In diesem Abschnitt wird das seit ca. 1936 verwendete Verfahren der Tiefenrüttelung vorgestellt und ein Überblick über den derzeitigen Wissensstand gegeben.

1.1 Terminologie
Terminology

Hauptsächlich werden im Zusammenhang mit dem Verdichten von Boden mit versenkbaren Rüttlern, sogenannten Tiefenrüttlern, folgende Begriffe verwendet:

Tiefenrüttler (*deep vibrator, vibrating probe, vibroflot*) ist das Gerät zur Tiefenrüttelung, manchmal auch Tauchrüttler genannt.

Tiefenverdichtung (*deep compaction*) ist ein Überbegriff über alle Verfahren, die den Boden auch in der Tiefe (tiefer als 2 bis 3 m) verdichten. Darunter fallen Verfahren mit versenkbaren Rüttlern, mit Aufsatzrüttlern, die Profile einrütteln und wieder ziehen, Verdichtungspfähle, die dynamische Intensivverdichtung mit Fallgewichten und die Sprengverdichtung.

Tiefenrüttelung (*deep vibration*) ist der Überbegriff über die Verfahren zur Boden-verdichtung mit Tiefenrüttlern oder Aufsatzrüttlern.

Rütteldruckverdichtung (*vibro compaction*) ist eine Verdichtung des Bodens durch Versenken eines Rüttlers ohne oder mit Zugabe von Verfüllmaterial. Das Wort Druck bezieht sich auf das Spülwasser, das mit Druck zugeführt wird. Die englische Bezeichnung *vibroflotation (compaction)* ist ein Produkt-name, der aber auch häufig verwendet wird. Seltener wird das Verfahren auch Tauchrüttelung, reine Tiefenrüttelung oder zur allgemeinen Verwirrung ein-fach nur Tiefenrüttelung genannt.

Rüttelstopfverdichtung (*vibro displacement*) ist eine Verdichtung des Bodens durch Versenken eines Rüttlers mit Zugabe von verschiedenem Verfüllmateri-al, das dann eine Säule bildet. Die englischen Bezeichnungen gehen auch auf die Art der Säulen ein, *dry / wet stone columns, vibro mortar columns, vibro concrete piles.*

1.2 Ziel der Rütteldruckverdichtung
Aim of the deep vibration compaction

Der Zweck einer Tiefenrüttelung ist eine bautechnische Untergrundverbesserung von kohäsionslosem Boden. Die Körner werden in eine dichtere Lagerung gebracht. Damit steigen die Wichte des Bodens, der Reibungswinkel und der Steifemodul. Da-durch wird die Grundbruchsicherheit erhöht, die Setzungen werden verringert und die Durchlässigkeit des Bodens sinkt. Außerdem wird das Tragverhalten des Bodens großräumig vergleichmäßigt. Bei lockeren sandigen Böden wird durch die Verdich-tung die Verflüssigungsneigung im Erdbebenfall vermindert.

Nach WELSCH (1987) beträgt die Erhöhung des Reibungswinkels ca. 5 bis 8° und der Steifemodul[1] steigt auf bis zu 100 MN/m^2.

1.3 Geräte
Equipment

Der Tiefenrüttler (Abbildung 1.2) ist ein mehrere Meter langer Stahlzylinder mit üblicherweise 30 bis 40 cm Durchmesser. Er enthält eine oder mehrere zur verti-kalen Achse exzentrisch angeordnete rotierende Massen. Der Antrieb erfolgt durch

---

[1]Mir ist völlig bewußt, daß es nicht „den" Steifemodul gibt, da der Boden nichtlinear ist. Hier ist wahrscheinlich ein Rechenwert zur Berechnung von Fundamentsetzungen oder ein Bettungsmodul gemeint.

Abbildung 1.1: Baugrundverbesserung gegen Erdbebenverflüssigung für einen neuen Terminal auf dem Flughafen Vancouver in British Columbia (Canada) mit dem Bauer Tiefenrüttler TR85 (Entnommen von http://www.bauer.de)
Figure 1.1: Ground improvement against earthquake liquefaction for the new terminals of the Vancouver airport with deep vibrators TR85 of the company BAUER *(copied from http://www.bauer.de)*

Elektro-, Hydraulik- oder Pneumatikmotor . Die Schwingungsfrequenz liegt zwischen 30 und 60 Hz, die Wegamplitude an der Spitze zwischen 3 und 15 mm. Die Rüttler besitzen an ihrer Spitze und fallweise auch an ihrem Mantel Öffnungen, durch die Wasser oder Luft unter Druck ausgepreßt werden kann. Der Rüttler hängt an einem Traggerät mit entsprechend langem Ausleger. Der Rüttler kann durch Aufsatzrohre verlängert werden (FG STRASSENWESEN, 1979).

1.4 Verfahren
Process

Bei der Tiefenrüttelung (Abbildung 1.3) wird der vibrierende Rüttler bis in die gewünschte Tiefe versenkt, wobei in der Regel an seiner Spitze ein Wasserstrahl austritt. Der Rüttler dringt mit seiner Vibration alleine durch sein Eigengewicht und das der Aufsatzrohre in den Boden ein.[2] Die Wasserzugabe erleichtert das Versenken, ist also eine Spülhilfe. Der vibrierende Rüttler wird anschließend ohne Spülhilfe an der Spitze stufenweise bei gleichzeitiger Verdichtung des umliegenden Bodens gezogen. Eine Spülhilfe über dem Rüttler ist dabei möglich. Beim Ziehen wird Verfüllmaterial in den entstehenden Trichter zugegeben. Dieses Material dient hauptsächlich

---

[2]Spezielle Trägergeräte können auch zusätzlich mit ihrem Eigengewicht drücken. Dies sollte aber nur zur Überwindung lokaler harter Bereiche verwendet werden müssen.

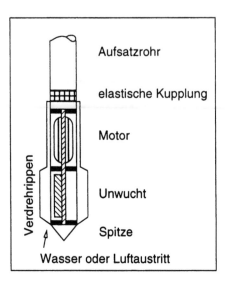

Abbildung 1.2: Tiefenrüttler
Figure 1.2: Deep vibrator

zum Auffüllen des Trichters und zur Sicherstellung eines guten Kontaktes zwischen Rüttler und Boden.

Die Versenkgeschwindigkeit liegt bei 1 bis 2 m/min. So können 500 - 1000 m^3 Boden in einer 8-Stunden Schicht von einem Rüttler verdichtet werden (KIRSCH, 1977).

1.5   Grenzen der Anwendbarkeit
Limits for application

Die wesentlichen Fragen zur Anwendbarkeit des Verfahrens sind: In welchen Böden funktioniert es? Wie tief kann der Rüttler in den Boden dringen? Wie weit muß von bestehenden Gebäuden Abstand gehalten werden?

Boden: Meistens wird die Anwendbarkeit durch Grenzlinien im Kornverteilungs-diagramm beschränkt, aber auch eine Grenzdurchlässigkeit des Bodens wird verschiedentlich angegeben. Die, in der Literatur angegebenen Grenzkurven, sind in Abbildung 1.4 zusammengestellt. Ganz grob kann man sagen, daß die Grenze nach unten durch die Verdichtbarkeit des Bodens gegeben ist, da die feinen Körner meist bindiges Verhalten zeigen, und diese bindigen Anteile die Umlagerung der Körner durch die Vibration erschweren. Die Grenze nach oben wird durch das Eindringvermögen des Rüttlers in den Boden bestimmt, der bei zu vielen groben Steinen nicht mehr in den Boden dringen kann.

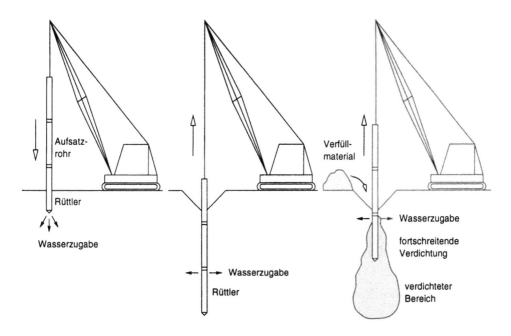

Abbildung 1.3: Verfahren der Tiefenrüttelung

Figure 1.3: Procedure of deep vibration compaction

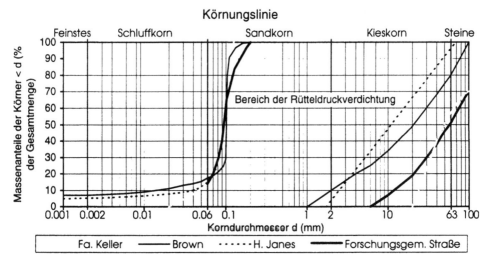

Abbildung 1.4: Grenzkörnungslinien für die Untergrundverbesserung mit Tiefenrüttlern

Figure 1.4: Grain size distribution limits for application of deep vibration compaction

Für die Tiefenrüttelung eignen sich grob- und gemischtkörnige Böden der Gruppen GW, GI, GE, SW, SI, SE, GU, SU, GT, ST (gemäß ÖN B4400, DIN 18 196) mit Steinen bis zu einem Korndurchmesser von 100 mm (FG STRASSENWESEN, 1979).

Je größer die Körner des Boden sind, desto schwieriger wird das Eindringen des Rüttlers in den Boden. Vor allem gleichförmiger Kornaufbau bei grobem Material beeinträchtigt das Eindringen maßgeblich. Steine mit einem Korndurchmesser größer 100 mm können bei Häufung zu Schwierigkeiten führen. Mehrere kantige Steine mit Kantenlängen größer 50 mm können die Tiefenrüttelung unmöglich machen.

Die Angaben über den zulässigen maximalen Feinanteil des Bodens ($d <$ 0.06 mm) schwanken von 15% (KIRSCH, 1979; SMOLTCYK, 1991) über 20% (BROWN, 1977) bis 30% (THORBURN, 1975).

Die Durchlässigkeit des Bodens muß nach GREENWOOD (1972) und SIMONS und KAHL (1987) größer als 10^{-3} cm/s sein.

Die Rütteldruckverdichtung funktioniert oberhalb des Grundwasserspiegels und im Grundwasser.

Tiefe: Die üblichen Verdichtungstiefen liegen zwischen 3 und 25 m. Die Extremwerte liegen zwischen 1 und 35 m.

Die obersten 30 - 150 cm des Bodens lassen sich aufgrund der geringen Auflast der Bodenkörner schlecht verdichten, sie lockern sich eher auf. Dieser Bereich muß mit einer Oberflächenverdichtung, z.B. Vibrationswalzen, nachverdichtet werden. Der Eindringwiderstand nimmt mit der Tiefe zu, weshalb das Verfahren für große Tiefen unwirtschaftlich wird.

Entfernung von Bauwerken: Die Erschütterungen und Schwingungen einer Tiefenrüttelung gefährden bestehende Bauwerke erfahrungsgemäß ab einem Abstand von 10 m nicht mehr. Bei Verdichtungstiefen kleiner als 10 m kann der horizontale Abstand zwischen Rüttelzentrum und Gründungssohle des benachbarten Bauwerkes auf das Maß der Rütteltiefe verringert werden. Gegebenenfalls sind die Grenzwerte für die zulässigen Schwingungsgeschwindigkeiten von Gebäuden nach ÖN S9020, DIN 4150 durch Messung sicherzustellen.

Auch die Setzungen durch eine Reihe von Verdichtungspunkten beeinträchtigen benachbarte Gebäude. Die Setzungsmulde durch die Verdichtungsreihe hat eine Ausdehnung quer zur Reihe von weniger als die halbe Rütteltiefe.

1.6   Einflüsse auf die Verdichtung
Quantities influencing the compaction

Die wesentlichsten Einflüsse auf die Verdichtung haben der Rüttler selbst, die Eigenschaften des anstehenden Bodens, der Arbeitsablauf des Rüttelung und das verwendete Verfüllmaterial.

Geräte: Der Einfluß des Rüttlers auf die Verdichtung ist noch nicht ausreichend untersucht. Es läßt sich kein eindeutiger Zusammenhang zwischen den Rüttlerdaten (wie z.B. Gewicht, Frequenz und Fliehkraft) und der erzielten Verdichtung erkennen.

Derzeit werden hauptsächlich die in Tabelle 1.1 zusammengestellten Rüttler verwendet (DEGEN).

Tabelle 1.1: Derzeit verwendete Rüttler

Table 1.1: Presently used vibrators

Gerät		Bauer		Keller				Vibroflotation		
		TR13	TR85	M	S	A	L	V10	V23	V42
Länge	m	3.13	4.20	3.30	3.00	4.35	3.10	2.73	3.57	4.08
Durchmesser	mm	300	420	290	400	290	320	250	350	378
Gewicht	kg	1000	2090	1600	2450	1900	1815	820	2200	2600
Leistung	kW	105	210	50	120	50	100	70	130	175
Drehzahl	U/min	3250	1800	3000	1800	2000	3600	3600	1800	1500
Amplitude	mm	3	11	3.6	9	6.9	2.7	5	11.5	21
Schlagkraft	kN	150	330	150	220	160	201	150	300	472

Leistung: Nennleistung des Motors
Amplitude: Einseitiger Ausschlag der Rüttlerspitze, Schwingung in Luft
Drehzahl: Umdrehungen der Unwucht pro Minute
Schlagkraft: Fliehkraft der Unwucht bei der angegebenen Drehzahl
Durchmesser: Durchmesser des Rüttlers
Länge: Länge von der Spitze bis einschließlich Kupplung (näherungsweise)

Erfahrungen haben gezeigt, daß sich sandige Böden am besten mit niedriger Drehzahl (30 bis 70 Hz) und großer Amplitude (5 bis 10 mm) verdichten lassen. Für Kiesböden hat sich keine signifikante Abhängigkeit ergeben (SIMONS und KAHL, 1987).

In einer Versuchsreihe der Firma BAUER SPEZIALTIEFBAU GMBH (1983) in schwach kiesigem Sand wurde festgestellt, daß im Vergleich zum KELLER Normalrüttler (120 kN Schlagkraft bei 3000 U/min), stärkere Rüttler (160 kN Schlagkraft bei 3000 U/min) in der Nähe des Rüttelzentrums besser verdichten, aber eine kleinere Reichweite erzielen. Höhere Frequenzen ergeben ebenfalls eine bessere Verdichtung in der Nähe des Rüttelzentrums[3], aber eine kleinere Reichweite.

---

[3]Das Rüttelzentrums ist der Mittelpunkt der kreisförmigen Rüttlerbewegung, also jener Ort den die Achse des Rüttlers in der Ruhelage (keine Erregung) einnimmt

Im Gegensatz dazu erzielte BROWN (1977) in sandigem Boden mit dem stärkeren der damaligen zwei Rüttler von VIBROFLOT eine höhere Verdichtung und eine größere Reichweite.

Die Firma KELLER beurteilt die Wirkungsweise ihrer Rüttler wie folgt (Auszug aus einer Firmenmitteilung):

> Rüttler mit hoher Frequenz und hoher Schlagkraft gestatten ein schnelles Versenken des Gerätes bei zusätzlicher Wasserspülung in den Boden und zwar auch bei Eindringungsschwierigkeiten infolge hoher natürlicher Lagerung oder bei eingelagerten Hartschichten.
>
> Rüttler kleinerer Frequenz erzielen in Feinsanden höhere Lagerungsdichten bei gleicher Ziehgeschwindigkeit als Rüttler größerer Frequenz. Für kleine Verdichtungstiefen mit geringer Bodenauflast ist der Einsatz von Rüttlern mit niederer Schlagkraft günstiger.

Jedenfalls zeigt sich, daß nicht immer der stärkste oder größte Rüttler optimal ist. Für größere Bauvorhaben werden immer noch Feldversuche gemacht, um das optimale Gerät zu finden.

Boden: Nach BROWN (1977) liefert die Rütteldruckverdichtung die besten Ergebnisse für sehr lockeren Sand im Grundwasser.

Schluff, Ton und organische Beimengungen dämpfen die Vibration, verkleben die Sandkörner und füllen die Hohlräume. Damit begrenzen sie die für die Umlagerung notwendige Relativbewegung zwischen den Körnern.

Sind im Boden Tonschichten eingelagert, so löst sich der Ton im Spülwasser. Mit dem Spülwasser gelangt der Ton dann auch in die anderen sandigen oder kiesigen Bodenschichten, bzw. in das Verfüllmaterial. Die Verdichtfähigkeit des Bodens und des Verfüllmaterials nimmt dann wegen des erhöhten Feinstkornanteiles ab.

Besteht der Boden hauptsächlich aus Kies, dichtem Sand oder zementierten Sandschichten, oder liegt der Grundwasserspiegel sehr tief, sinkt die Eindringgeschwindigkeit, und das Verfahren wird unwirtschaftlich.

Es ist laut KIRSCH (1977) schwieriger, einen bereits dichten Boden weiter zu verdichten, z.B. von einer relativen Dichte $I_e = 60\%$ auf $I_e = 80\%$ zu verdichten, als einen lockeren Boden von $I_e = 38\%$ auf $I_e = 80\%$.

Art des Ziehens, Verdichtungsvorgang: Die eigentliche Verdichtung erfolgt nach dem Einrütteln bis auf die Endtiefe.

Es werden zwei Verfahren angewendet:

- Der Rüttler wird in Stufen gezogen. In jeder Höhenstufe wird eine definierte Zeit verblieben, bzw. solange bis die Stromaufnahme des Motors einen gewissen Wert erreicht. Für die verschiedenen Geräte der Firmen und je nach Boden schwanken die Höhenstufen von 0.3 bis 1 m, und die Rüttelzeiten pro Stufe von 30 bis 60 Sekunden.

- Der Rüttler wird um einen gewissen Betrag gezogen (0.3 bis 1 m), und wieder um den halben Betrag versenkt, bzw. soweit bis die Stromaufnahme des Motors einen gewissen Wert überschreitet, oder bis der Rüttler nicht weiter versenkbar ist. Das wird *Pilgerschrittverfahren* genannt.

Messungen von SIMONS und KAHL (1987) haben für Sand und einen KELLER - Modellrüttler ergeben, daß ein Großteil der Verdichtung innerhalb der ersten Minuten Rüttelzeit geschieht. Eine sehr dichte Lagerung wird bereits nach 2 min Rüttelzeit erreicht. Die Verdichtung steigt bei noch längerem Rütteln kaum mehr an.

Das Ansteigen der Stromaufnahme ist als allgemeines Kriterium für eine genügende Verdichtung unzureichend. Für die meisten Böden ist zwar ein direkter Zusammenhang zwischen der erreichten Stromstärke in der jeweiligen Tiefe und der SPT - Schlagzahl (Standard Penetration Test) in der gleichen Tiefe festzustellen. Es gibt aber auch Böden, die sich ohne meßbaren Anstieg des Strombedarfes verdichten lassen, und andere Böden, die sich nicht verdichten lassen, der Rüttler aber trotzdem eine hohe Stromaufnahme hat. Bei Überschreitung einer definierten Stromaufnahme[4] (z.B. 100 A, oder entsprechender Öldruck) wird der Rüttler aber in Ermangelung anderer Meßwerte üblicherweise in die nächste Höhenstufe gezogen.

Verfüllmaterial: Um eine gute Energieübertragung vom Rüttler auf den Boden zu gewährleisten, muß der Rüttler guten Kontakt zum Boden haben. Fließt der zu verdichtende Boden nicht in ausreichend kurzer Zeit selbst zum Rüttler (*self feeding*), droht also ein Spalt zu entstehen, muß Verfüllmaterial verwendet werden. Dies ist durch Feldversuche zu prüfen[5]. Weiters wird Verfüllmaterial verwendet, wenn die Setzungen durch das Verdichten nicht toleriert werden können.

Das Verfüllmaterial wird an der Oberfläche zugegeben und soll neben den Aufsatzrohren und dem Rüttler bis zur Rüttelspitze absinken. Dazu sollte das Verfüllmaterial generell Mittel- bis Grobsand sein. Ist das Verfüllmaterial zu grob, oder zu plattig, kann es sich verkeilen und behindert den Materialstrom in die Tiefe. Ist es zu fein, kann es im aufströmenden Spülwasser nicht nach unten sinken. BROWN (1977) gibt eine Eignungszahl für das Verfüllmaterial an

---

[4]Ursprünglich war dies eine Kontrolle, um eine Überlastung des Motors auszuschließen.

[5]Man versucht einige Rüttelpunkte mit und ohne Verfüllmaterial herzustellen, und vergleicht den Verdichtungserfolg.

$$\text{Eignungszahl} = 1.7\sqrt{\frac{3}{(d_{50})^2} + \frac{1}{(d_{20})^2} + \frac{1}{(d_{10})^2}} \quad, d \text{ in mm},$$

wobei folgende Bereiche eingeteilt werden:

Eignungszahl	0 - 10	10 -20	20 - 30	30 -50	> 50
	sehr gut	gut	ausreichend	schlecht	unbrauchbar

Die Menge des Verfüllmaterials liegt zwischen 10 und 15% des zu verdichtenden Volumens. Bei engeren Verdichtungsrastern kann prozentuell mehr Material zugegeben werden.

Autor	Dreiecksraster Abstand	m³ Verfüllmaterial pro Meter Rütteltiefe	% des zu verdichtenden Volumens
D'APPOLONIA	$a = 1.82$ m	0.46 m³/stgm	15 %
BROWN 1976	$a = 2.4$ m	0.7 m³/stgm	15 %
	$a = 3.6$ m	1 m³/stgm	10 %
FA. KELLER			10 %
KIRSCH 1977			10 %

Fachgerechte Ausführung: Eine fachgerechte Ausführung ist notwendig, um eine gleichmäßige Verdichtung zu erhalten. Zu geringe Verdichtung kann die Folge einer zu geringen Verfüllmaterialzugabe sein.

1.7   Abstand der Rüttelzentren, Verdichtungsraster
Spacing of the compaction points, compaction pattern

Die Verdichtungswirkung des Rüttlers sinkt mit dem Abstand zum Rüttelzentrum . Mit Rüttelzentrum ist hier die unausglenkte Lage der vertikalen Achse des Rüttlers gemeint. Auch in der Nähe des Rüttlers und im Rüttelzentrum können schlechter verdichtete Zonen bleiben. Der prinzipielle Verlauf der Verdichtungswirkung rund um einen Rüttler ist in Abbildung 1.5 dargestellt.

1.7.1   Einflußbereich
Influenced area

Der Einflußbereich eines Rüttlers ist der Kreis um das Rüttelzentrum mit jenem Radius, bei dem die Lagerungsdichte nach dem Verdichten gerade noch höher ist als die ursprüngliche.

1.7.2   Wirkungsradius
Effected (well compacted) area

Der Wirkungsradius eines einzelnen Rüttlers ist der Abstand vom Rüttelzentrum, innerhalb dessen die geforderte Lagerungsdichte nicht unterschritten wird[6]. Um einen

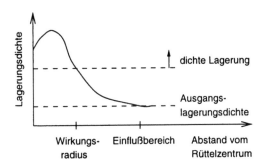

Abbildung 1.5: qualitativer Verlauf der Lagerungsdichte, vergleiche z.B. BAUER SPEZIALTIEFBAU
GMBH (1983)
*Figure 1.5: Qualitative graph of the density after a (single) deep vibration compaction in one point, cf.
e.g. BAUER SPEZIALTIEFBAU GMBH (1983)*

Wirkungsradius festzulegen, muß zuerst geklärt werden, wie hoch die geforderte Lagerungsdichte ist. Diese wird im „Merkblatt für die Untergrundverbesserung durch
Tiefenrüttler" FG STRASSENWESEN (1979) als dichte Lagerung im Sinne der Tabelle B aus den Erläuterungen zur DIN 1054 (Nov.1976) vorgeschlagen (Tabelle
1.2). Diese Forderung bedeutet, daß nach der Verdichtung mit erhöhten zulässigen
Bodenpressungen gerechnet werden kann.

Da die bei Erdbeben zur Verflüssigung neigenden Böden gerade im Bereich der gut
mit Rütteldruckverdichtung zu verdichtenden Böden liegen (DOBSON, 1987), wird
die Rütteldruckverdichtung auch zur Erhöhung der Sicherheit gegen Verflüssigung
(*liquefaction*) bzw. als genereller Erdbebenschutz eingesetzt. Dazu wird oft eine
minimale relative Dichte $I_e = I_D = \frac{e_{max}-e}{e_{max}-e_{min}}$ gefordert. Die relative Dichte wird
indirekt durch SPT-Sondierungen festgestellt. So wird z.B. nach der Verdichtung
$I_e - 70\%$ als Minimum gefordert, wobei 90% aller Stichproben $I_e - 75\%$ erreichen
müssen. D'APPOLONIA (1953) fordert, wahrscheinlich aus Gründen der ungenauen
Bestimmbarkeit der relativen Dichte[7], Werte für I_e von 85 bis 95%.

---

[6]Im allgemeinen Sprachgebrauch wird die Lagerungsdichte D durch $\frac{n_{max}-n}{n_{max}-n_{min}}$ und die relative
(bezogene) Lagerungsdichte I_D durch $\frac{e_{max}-e}{e_{max}-e_{min}}$ definiert. Beides sind aber relative (bezogene) Größen. Sie beziehen sich beide auf maximale und minimale Bodenkenngrößen. In diesem Text wird die
Lagerungsdichte D mit I_n (die auf den Porenanteil bzw. die Porosität bezogene Lagerungsdichte) bezeichnet, und die relative Lagerungsdichte I_D als I_e (die auf die Porenzahl bezogene Lagerungsdichte)
bezeichnet.

[7]vgl. Abschnitt 1.9.2

Tabelle 1.2: Werte für dichte Lagerung nach DIN 1054 und ÖN B 4430/1

Table 1.2: Dense soil specifications according to DIN 1054 and ÖN B 4430/1

Bodengruppe nach DIN 18 196 ÖN B4400	Ungleichförmigkeitszahl		Lagerungsdichte		Verdichtungsgrad	Spitzenwiderstand der Drucksonde in 2 m Tiefe
	U		$I_n = D = \frac{n_{max}-n}{n_{max}-n_{min}}$		$D_{Pr} = \frac{\varrho_d}{\varrho_{pr}}$	q_s MN/m^2
	DIN	ÖN	DIN	ÖN	DIN	DIN
SE, GE, SU GU, GT	≤ 3	< 5	≥ 0.5	≥ 0.5	$\geq 98\,\%$	≥ 15
SE, SW, SI SI, GE, GW GT, SU, GU	> 3	≥ 5	≥ 0.65	≥ 0.75	$\geq 100\,\%$	≥ 15

1.7.3   Verdichtungsraster
Compaction pattern

Um eine Fläche zu verdichten, werden mehrere Verdichtungen (Verdichtungspunkte) in einem bestimmten Raster durchgeführt. Übliche Raster mit den Abständen a zwischen den Rüttelpunkten sind in Abbildung 1.6 dargestellt. Gleichseitige Dreiecke

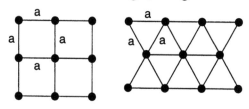

Abbildung 1.6: Verdichtungsraster

Figure 1.6: Pattern of compaction points

als Raster der Verdichtungspunkte werden für großflächige Verdichtungen empfohlen. Quadratische oder rechteckige Raster werden für Verdichtungen unter Einzelfundamenten verwendet.

Messungen von POTEUR (1971) haben gezeigt, daß die Verdichtungswirkung zwischen zwei benachbarten Rüttelpunkten ungefähr der Addition der Verdichtungsverläufe der einzelnen Rüttelpunkte im Abstand a entspricht.

D'APPOLONIA (1953) schlägt ein Verfahren zur Auswahl des Verdichtungsrasters vor. Für ein gewähltes Raster wird der Punkt mit dem größten Abstand zu den umgebenden Rüttelzentren gesucht. Das ist in der Regel der Mittelpunkt des Dreiecks oder Quadrates. Ausgehend von einer „bekannten" Beziehung zwischen der erreichten Verdichtungserhöhung (ΔI_e) und dem Abstand zum Rüttelzentrum für einen Einzelrüttler werden für den gesuchten Punkt die Anteile der Verdichtungserhöhungen durch jeden beeinflussenden Rüttler ermittelt. Die einzelnen Anteile werden zusammengezählt und ergeben die zu erwartende erreichbare Verdichtung. Die Schwierigkeit liegt darin, daß es solche Beziehungen nur im Einzelfall gibt und sie außerdem von sehr vielen Faktoren abhängen. Es müßte also für jedes Bauvorhaben eine Versuchsreihe mit dem geplanten Gerät und Verfahren im aktuellen Boden gemacht werden. Der Vorteil ist, daß aus dem Verhalten des Einzelrüttlers auf verschieden Verdichtungsraster hochgerechnet werden kann. Es müssen also nicht auch noch verschiedene Anordnungen der Rüttelzentren erprobt werden.

D'APPOLONIA (1953) hat eine solche Beziehung für einen VIBROFLOT-Rüttler aus Großversuchen in enggestuftem Feinsand einer Ausgangslagerungsdichte von $I_e = 50\%$ ermittelt (siehe Abbildung 1.7).

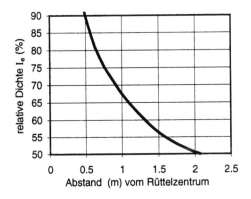

Abbildung 1.7: Von D'APPOLONIA (1953) gemessene Lagerungsdichten in enggestuftem Feinsand bei einem einzelnen VIBROFLOT-Rüttler 22 kW

Figure 1.7: Measured density after a deep vibration compaction with a single vibrator of the company VIBROFLOT (22 KW) in narrow-graded fine sand (D'APPOLONIA, 1953)

Sind die Rüttelpunkte zum Beispiel in gleichseitigen Dreiecken mit einem Abstand $a = 2.30$ m angeordnet, so ist der Abstand vom Rüttelzentrum zum Zentrum des Dreieckes $r = \frac{a}{\sqrt{3}} = 1.33$ m. Aus Diagramm 1.7 erhalten wir für diesen Abstand eine relative Lagerungsdichte von $I_e = 60\%$. Das ist eine Verdichtung von $\Delta I_e = 10\%$ durch einen einzelnen Rüttler. Auf das Zentrum des Dreieckes wirken 3 Rüttler mit dem gleichen Abstand. Die gesamte Verdichtung ist somit $\Delta I_{e,ges} \approx 3\Delta I_e = 30\%$. Die erreichte relative Lagerungsdichte nach der Verdichtung im Zentrum des Dreiecks ist somit $I_e \approx 50 + 30 = 80\%$.

Die Firma KELLER gibt für die Verdichtungswirkung ihrer Rüttler die Diagramme in Abbildung 1.8 an. Einzelverdichtung bedeutet hier das Verdichten einzelner Punkte unter kleinen Einzelfundamenten, Flächenverdichtung ist ein großflächiges Raster aus vielen Punkten. Die Messung des Spitzendruckwiderstandes und der Schlagzahl wurden bei der Flächenverdichtung im ungünstigsten Punkt, und bei der Einzelverdichtung am Rand der verdichteten Fläche vorgenommen.

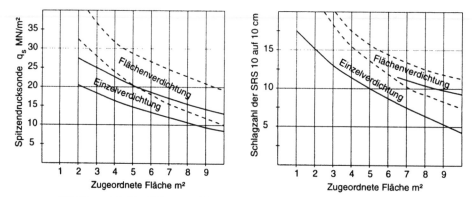

Abbildung 1.8: Verdichtungswirkung von Rüttlern der Firma KELLER in Sand

Figure 1.8: Sand compaction with vibrators of the company KELLER: Cone resistance of CPT (left) and number of hits of SPT (right) versus apportioned area (see fig. 1.9) after compaction

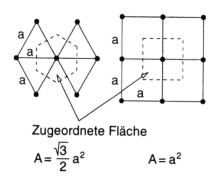

Abbildung 1.9: Zugeordnete Fläche für einen Rüttler

Figure 1.9: Apportioned area of a vibrator

Diese Diagramme können auch zur groben Vordimensionierung verwendet werden. Für eine geforderte Schlagzahl, bzw. einen geforderten Spitzendruckwiderstand, kann die zugeordnete Fläche für einen Rüttler ermittelt werden. Aus dieser in Abbildung 1.9 dargestellten Fläche A kann der Abstand des jeweiligen Rasters berechnet werden. Der Abstand ist

$$a = \sqrt{A} \ldots \text{ für Quadratraster}$$

$$a = \sqrt{\frac{2}{\sqrt{3}}A} = 1.075\sqrt{A} \ldots \text{ für Dreiecksraster}$$

1.7.4 Angaben aus der Literatur
Present recommendations

Die Angaben über den Abstand der Verdichtungspunkte schwanken zwischen 1.5 und 3.3 m. Einige Werte aus der Literatur für verschiedene Bedingungen sind in Tabelle 1.3 zusammengestellt.

Tabelle 1.3: Abstände für die Rüttelzentren aus der Literatur

Table 1.3: Recommended distances of compaction points

Boden	Lagerungs-Dichte vor Verdich-tung	Gerät	Einfluß-bereich	Wirkungs-radius	Verdich-tungsraster für dichte Lagerung	Quelle
Sand	I_e 35 - 50 %	Vibroflot 74 kW	2.7 m	0.6 m	2.4 - 3.3 m (Dreieck)	BROWN (1977)
Sand		Vibroflot 22 kW	1.8 m			BROWN (1977)
		Vibroflot			1.8 - 2.5 m	GREENWOOD (1972)
Sand kiesig	I_e 46 %	Keller Normalr.	3.5 m	1.75		Fa. BAUER (1983)
					1.5 - 3.0 m	FORSCHUNGSG. STRASSENW.
					1.7 - 3.1 m	KIRSCH (1979)

Einige Angaben für erreichte relative Lagerungsdichten sind in Abbildung 1.10 zusammengefaßt. Das Verdichtungsraster besteht aus gleichseitigen Dreiecken mit dem Abstand a zwischen den Rüttelzentren. Die Werte gelten für das Zentrum der Dreiecke. BROWN (1977) ermittelte die relativen Dichten an Großversuchen mit verschiedenen Verdichtungsrastern, in einem enggestuften Mittelsand der Ausgangs lagerungsdichte $I_e = 50\%$ mit einem 74 kW VIBROFLOT-Rüttler. D'APPOLONIA (1953) machte ähnliche Versuche, aber in einem enggestuften Feinsand der Ausgangslagerungsdichte $I_e = 50\%$ mit einem 22 kW VIBROFLOT-Rüttler. THORBURN (1975) macht keine Angaben über die Quellen seiner Kurve. Die Grenzkurven der FA. KELLER sollen alle ihre Geräte und alle durch Rütteldruckverdichtung verdichtbaren Böden umfassen.

Allgemein lassen die bisher durchgeführten Versuche erkennen, daß die Abstände der Verdichtungspunkte umso geringer sein müssen, je feiner der Sand ist.

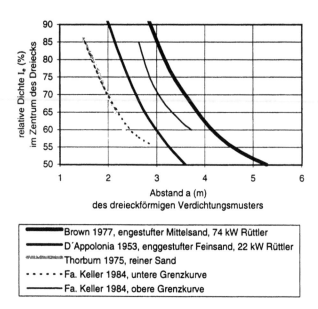

Abbildung 1.10: Abstände bei dreiecksförmigen Verdichtungsraster

Figure 1.10: Recommended distances of compaction points in triangular pattern

1.8 Wirkungsweise, bisherige Erklärungsversuche
Previous explanations for the compaction

1.8.1 Allgemeines
General remarks

Die Verdichtung ist eine Kornumlagerung. Die meisten Autoren erklären diese Umlagerung durch eine Verflüssigung des Bodens im Bereich des Rüttlers. Der Boden verflüssigt laut Angaben verschiedener Autoren in einem kreisförmigen Bereich um den Rüttler mit einem Radius von $0.3 \ldots 0.5$ m.

Das verwandte Phänomen des Setzungsfließens wird von BERNATZIK (1947) wie folgt erklärt. Eine plötzliche örtliche Belastung eines wassergesättigten Sandes führt zu einer lokalen Erhöhung des Porenwasserdruckes und damit zu einer Verminderung der effektiven Normalspannungen. Dadurch sinken die aufnehmbaren Schubspannungen. Wenn die Belastung vor der Verdichtung bereits nahe des Grenzzustandes war, entsteht ein lokaler Bruch. Die Körner ohne Korn zu Korn Kontakt können nun keine Last mehr aufnehmen. Die Spannungen lagern sich auf die umgebenden Körner um. Da der Vorgang sehr rasch geht, kann das Porenwasser nicht entweichen, und der Porenwasserüberdruck bleibt bestehen. Durch die Spannungserhöhung infolge der oben erwähnten Spannungsumlagerung kommt es auch in den benachbarten Bereichen zu lokalen Brüchen. Dies führt zu einem sukzessiven Fortschreiten der sogenannten verflüssigten Zone. Als Beispiel wird das Einsinken eines

Gewichtes aufgeführt (Abbildung 1.11). Das Gewicht ist gerade so groß, daß es nicht einsinkt. Durch Eindrücken eines Stabes in den Behälter sinkt das Gewicht ein.

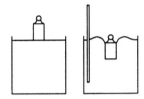

Abbildung 1.11: Verflüssigung von wassergesättigtem lockeren Sand durch Störung des Korngefüges
Figure 1.11: Liquefaction of water-saturated loose sand due to disturbance of the grain structure: The block sinks when a rod is pushed into the sand

Eine ähnliche Erklärung bieten SIMONS und KAHL (1987) an. Sie erwähnen eine Arbeit, die im Zusammenhang mit der erdbebensicheren Bemessung von Kernkraftwerken die plötzliche Abnahme bzw. den völligen Verlust der Scherfestigkeit durch dynamische Vorgänge darauf zurückführt, daß die Zähigkeit des Porenwassers eine schnelle Kornumlagerung eines nichtbindigen Bodens verhindert. Das führt zu einem Druckanstieg im Porenwasser. Dabei wird die Bodenmasse vom Porenwasser getragen, wodurch die Druckübertragung im Korngerüst aufgehoben wird. Die effektiven Spannungen σ' sinken kurzzeitig auf den Wert Null ab.

Die Voraussetzungen für die Verflüssigung kohäsionsloser Böden sind die lockere Lagerung und die Wassersättigung. Je gleichförmiger und je feiner der nichtbindige Boden ist, desto leichter kann er verflüssigt werden. Mit zunehmender Tiefe kann der Boden aufgrund der steigenden Eigengewichtsspannungen immer schwerer verflüssigt werden.

Verflüssigung ist weder notwendig noch hinreichend als Erklärung für die Rütteldruckverdichtung. Der Boden verflüssigt sich zwar, aber warum er sich dann dichter lagert, ist nicht geklärt. Ebenso erklärt das Modell der Verflüssigung nicht, daß auch trockener Boden durch Vibration verdichtet werden kann. Die Verflüssigung erklärt vielleicht nur die bekannte Tatsache, daß Rütteldruckverdichtung unter dem Grundwasser bessere Ergebnisse liefert. Der verflüssigte Bereich ist auch viel kleiner als der Einflußbereich der Verdichtung. Es gibt also eine Verdichtung auch außerhalb der verflüssigten Zone!

Versuche mit einem Schergerät am Rütteltisch von KUTZNER (1962) zeigen, daß die Scherfestigkeit eines Bodenimitates aus Glaskugeln während des Rüttelns stark abnimmt. Allerdings muß die Rüttelung mit einer gewissen Mindestamplitude bzw. Mindestbeschleunigung erfolgen, damit dieser Effekt eintritt. Weiters wurde festgestellt, daß zu große Auflasten die Verdichtung behindern, weil dem Material nicht die Möglichkeit der Auflockerung während des Rüttelns gegeben wird. Das Material muß sich offensichtlich zuerst Auflockern, um sich dann dichter zu lagern[8]. Versuche zum Einfluß des Wassers zeigen, daß trockener und total gesättigter Boden gleich gut verdichtbar sind. Feuchter Boden ist schlechter verdichtbar. Das wird mit der scheinbaren Kohäsion durch die Kapillarkräfte erklärt. Vor allem bei Versuchen mit Modelltiefenrüttlern ist dieser Effekt stark. Der feuchte Boden wird vom Rüttler zur Seite gedrängt. Da er durch die scheinbare Kohäsion standfest ist, ensteht so ein freistehendes Loch und der Rüttler schwingt ohne Bodenkontakt. Es wird erwähnt, daß dieser Effekt durch die Wasserspülung in der Praxis nicht auftritt.

Daß Vibrieren den Boden in eine dichte Lagerung bringt, ist nicht von vornherein klar. So kann sich ein ursprünglich relativ dicht gelagerter Boden durch das Vibrieren sogar auflockern. Dies geschieht auch bei einfachen Experimenten am Rütteltisch. Hier ist noch Erklärungsbedarf gegeben.

POTEUR (1971) versuchte, die oben erwähnte Verflüssigung vor Ort mit Flügelsonden zu messen. Die Messungen waren nicht sehr erfolgreich. Trotzdem schreibt er, daß sich der Boden bis zu einem Radius von ca. 50 cm um die Rüttelachse vollständig verflüssigt. Die hier angesprochene Verflüssigung in diesem Bereich ist meiner Meinung nach ein Konvektionsstrom, der das Material in die Tiefe fördert.

1.8.2   Versuche
Experiments

Betonrüttler

Im Labor des Instituts für Geotechnik und Tunnelbau der Universität Innsbruck wurde ein einfacher Versuch zur Visualisierung der Verdichtungsvorgänge durchgeführt. Dabei wurde ein Betonrüttler in einen Sandbehälter aus Plexiglas versenkt. Um die Reaktion des Sandes zu beobachten, wurde der Rüttler direkt an der Plexiglaswand versenkt.

Es zeigte sich ein Sandstrom von der Oberfläche am Rüttler entlang nach unten (siehe Abbildung 1.12). Dieser Sandstrom transportiert Material von der Oberfläche in die Tiefe. Das nach unten fließende Material wird dann vom Rüttler gegen den nicht fließenden umgebenden Boden gestopft. Die Verdichtungswirkung außerhalb des Konvektionsstromes geschieht durch zyklisches Komprimieren und Scheren, bedingt durch die Vibrationen des Rüttlers.

---

[8]Das ist vielleicht eine Erklärung für den Umstand, daß bereits verdichtetes Material schwerer weiterzuverdichten ist als lockeres Material (vgl. Aussage von KIRSCH Seite 10). Ganz lockerer Sand hat kein dilatantes Verhalten bei Scherung

1.9 Kontrolle des Verdichtungserfolges
Compaction control

Die Kontrolle des Verdichtungserfolges kann nur indirekt erfolgen, da eine direkte Messung der Dichte eines nichtbindigen Bodens in der Tiefe bis jetzt unmöglich ist. Selbst eine Dichtebestimmung mit Gefrierproben ist noch umstritten und zudem viel zu aufwendig.

Die verwendeten indirekten Kontrollen gliedern sich in Kontrollen während des Rüttelns, die sogenannte Eigenüberwachung, und in Kontrollen nach der Fertigstellung des gesamten zu verdichtenden Bereiches oder Teilbereiches, die sogenannten Kontrollprüfungen.

1.9.1 Eigenüberwachung
Monitoring during vibration

Während des Rüttelns werden derzeit folgende Parameter aufgezeichnet (nach FG STRASSENWESEN, 1979, Blätter 5,6):

- Qualität und Art des Zugabematerials

- Versenk- bzw. Verdichtungstiefe, Leerstrecken

- Maximum und zeitlicher Verlauf der Leistungsaufnahme des Rüttlers während der Herstellung

- Herstellungszeit jedes Verdichtungspunktes

- Menge des Zugabematerials pro Rüttelpunkt

Diese Aufzeichnungen sind pro Rüttelpunkt mit eindeutiger Zuordenbarkeit zu führen.

Dazu gehört ein verbindlicher Plan der tatsächlichen Lage der ausgeführten Verdichtungen. Mit diesem Plan müssen die Verdichtungspunkte im Gelände zuverlässig wieder aufgefunden werden können.

1.9.2 Kontrollprüfungen
Compaction control after vibration

Nach der Verdichtung erfolgt in der Regel eine indirekte Bestimmung der Lagerungsdichte mit Ramm- oder Drucksondierungen in den ungünstigsten Punkten der

Verdichtung. Das ist dort, wo die benachbarten Rüttelpunkte am weitesten weg sind, also das Zentrum der Dreiecke oder Quadrate.

Aus den Ergebnissen dieser Sondierungen werden nach DIN 4094 relative Lagerungsdichten – mit den (un)bekannten Ungenauigkeiten – abgeschätzt.

Auch Nivellements der Oberfläche vor und nach der Verdichtung können zusammen mit der Menge des Zugabematerials zur Abschätzung einer mittleren erreichten Dichteerhöhung verwendet werden[9].

Es wird auch manchmal versucht, die Verdichtung mit radiometrischen Sonden zu prüfen. Auch Seitendrucksonden (Pressiometersonden) kommen manchmal zum Einsatz.

Bereits D'APPOLONIA (1953) weist auf die Ungenauigkeit der Bestimmung der relativen Dichte hin. Werden die maximale und die minimale Porenzahl e_{max} und e_{min} um jeweils 2% falsch bestimmt, wird die relative Dichte I_e um 10% falsch berechnet. Ein Fehler von 2% bei der Bestimmung von e im Feld[10] erhöht diesen Fehler auf 20%! Er sagt dann zwar, daß die relative Lagerungsdichte in der Praxis ohne „unüberwindliche Schwierigkeiten" auf 10% genau bestimmbar ist, und schlägt deshalb vor, den zu fordernden Wert der relativen Dichte um 10% zu erhöhen, aber eigentlich ist das schon ein eindeutiger Hinweis darauf, daß die relative Lagerungsdichte kein geeigneter Parameter ist, um die Verdichtungswirkung zu kontrollieren. Es wäre besser, auf einen gewissen Spitzendruckwiderstand der Drucksondierung oder eine gewisse Schlagzahl der Rammsondierung zu prüfen. Leider ist dieses Vorgehen zum Teil nicht genormt, und so versuchen die ausführenden Firmen, ihre Nachweise mit eher ungenauen Korrelationen zwischen Schlagzahlen und Dichten zu bringen.

Ebenso ist öfters festgestellt worden, daß die Sondierung erst Stunden bis Tage nach der Rütteldruckverdichtung gewisse Schlagzahlen bzw. Spitzendrücke erreicht. Das ist natürlich auch ein Problem, da man nicht sofort nach der Rüttelung messen kann, sondern erst etwas warten muß. Dadurch verzögert sich ein eventuelles Nachverdichten. Dieses Zeitverhalten wird meist Porenwasserüberdrücken zugeschrieben und tritt auch eher bei sehr feinkörnigen Böden, also im Grenzbereich der Anwendbarkeit auf.

---

[9]Das ist etwas aufwendig, und wird eher für genaue Voruntersuchungen, als im täglichen Baustellenbetrieb verwendet. Oft wird auch angenommen, daß sich die Höhenlage der Oberfläche nicht ändert. Dann wird rein aus der Zugabematerialmenge auf eine erreichte Verdichtung geschlossen.

[10]Wobei es eigentlich unmöglich ist, e für bindige Boden im Feld zu bestimmen.

1.10   Neueste Entwicklungen
Recent developments

Kombination mit Drainage

CAMPANELLA und HITCHMAN (1990) stellen einen Tiefenrüttler mit pneumatischem Motor vor, der durch den in den Aufsatzrohren zurückgeführten Luftstrom durch einen Düseneffekt[11] das über Schlitze in die Aufsatzrohre eindringende Grundwasser absaugt. Dieses sogenannte PHOENIX - System eignet sich besonders zur Verdichtung von Sandschüttungen in Wasser, welche zum Beispiel bei der Landgewinnung ausgeführt werden. Dieser dort sehr lockere Sand läßt sich durch zusätzliche Drainage besser verdichten als ohne. Vor allem erreichen die Spitzendruckwiderstände von Messungen nach der Verdichtung früher die geforderten Werte als bei reiner Rütteldruckverdichtung, bei der die Spitzendruckwerte ja erst bis zu Tagen nach der Rüttelung auf einen akzeptablen Wert angestiegen sind.

Möglichkeiten der Regelung

STROBEL (1981) präsentiert einen Rüttler mit variabler Frequenz. Der Vorteil der Frequenzregulierung ist zum einen eine mögliche Anpassung an die Bodenverhältnisse und zum anderen die Vermeidung von Resonanzen in benachbarten Gebäuden. Die Anpassung an die Bodenverhältnisse wurde bei diesem Rüttler hauptsächlich zur Steuerung des Eindringens verwendet. Eine kurzzeitige Erhöhung der Arbeitsfrequenz dient zur Überwindung von örtlich erhöhten Widerständen.

On-line Dichtemessung

Derzeit wird am Institut für Experimentalphysik an der Universität Innsbruck ein Sensor entwickelt, der den Wassergehalt von Böden bestimmen soll. Dieser Sensor wurde bereits erfolgreich zur Wassergehaltsbestimmung von Schnee eingesetzt.

Aus dem Wassergehalt des Bodens könnte unterhalb des Grundwassers, bei Annahme einer hundertprozentigen Sättigung, direkt die Porenzahl und damit die Dichte gemessen werden. Diesen Sensor könnte man an Lanzen anbringen, die in der Nähe des Verdichtungspunktes eingedrückt werden (gleichzeitige Drucksondierung). Ist der Sensor ausreichend mechanisch stabil, und kann er genügend weit in den Boden messen, könnte er auch am Rüttler selbst befestigt werden. Damit könnte sowohl die Ausgangslagerungsdichte sowie die Verdichtungswirkung online gemessen werden.

---

[11]So wie eine Vakuumpumpe, die durch an einer Düse vorbeiströmendes Wasser Luft absaugt. Nur daß hier die vorbeistreifende Luft das anstehende Grundwasser absaugt.

Dazu ist aber noch einige Entwicklungsarbeit notwendig.

Flächendeckende Dichtemessung

Messung der Scherwellengeschwindigkeit in einem verdichteten Feld vor und nach der Verdichtung können einen über den Bereich der Messung gemittelten Aufschluß über den Verdichtungserfolg geben, da die Geschwindigkeit der Scherwelle in dichterem, und damit steiferem Boden höher ist als in lockerem (MASSARSCH, 1991, S. 311).

Auch geoelektrische Messungen, wie z.B. eine geoelektrische Impedanz Tomographie (PESCHL et al., 1995), könnten einen besseren Überblick über die Verteilung der Dichte im Feld geben. Sie könnten die Interpolation des Verdichtungsverlaufes zwischen den durchzuführenden Sondierungen unterstützten, und damit einerseits zu einer Reduktion der nötigen Sondierungen und andererseits zu einer wesentlich besseren Gesamtübersicht beitragen.

Kapitel 2

Die Bewegungen des Rüttlers
The Motion of the vibrator

The motion of the vibrator: The motion of the vibrator is analysed on the basis of simple physical models. Approximate solutions for the amplitudes of the vibrator motion are derived for the free vibration (in air) as well as for the vibration in soil. A check of the derived expressions is done by an example of special vibrator.

Die sehr komplexe Bewegung des Rüttlers soll hier anhand von einfachen physikalischen Modellen studiert werden. Es werden Näherungslösungen für die Amplituden des Rüttlers in der Luft sowie im Boden angegeben. Am Beispiel eines Rüttlers werden diese Formeln auf Plausibilität geprüft.

2.1 Erfahrungen zur Rüttlerbewegung
Observed motion

Ist der Rüttler in Luft aufgehängt, beschreibt seine Spitze ziemlich genau einen Kreis mit einem Radius zwischen 3 und 21 mm – je nach Hersteller und Modell (siehe Tabelle 1.1, Seite 9). Der Ruhepunkt dieser kreisenden Pendelbewegung liegt nicht in der Kupplung, sondern in einem Abstand z darunter (Abbildung 2.1), welcher laut Firmen 20 bis 30 cm ist. Dies kann optisch gemessen werden.

Das direkt am Rüttler anschließende Aufsatzrohr wird in der Nähe der Kupplung ebenso gepanzert wie der Rüttler selbst, da der Verschleiß durch Abrieb dort noch sehr groß ist. Ohne diese Zusatzpanzerung wäre das Aufsatzrohr bei der Kupplung sehr schnell unbrauchbar. Dieser Abrieb deutet auch auf eine Bewegung des Aufsatzrohres hin. Daraus kann man schließen, daß sich der Ruhepunkt der Bewegung eines Rüttlers im Boden ebenfalls nicht in der Kupplung liegt.

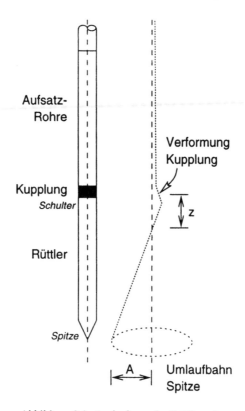

Abbildung 2.1: Auslenkung der Rüttlerachse

Figure 2.1: Deflection of the vibrator axis

Des weiteren ist zum Beispiel in sehr verdichtungsfreudigen Böden festgestellt worden, daß das Aufsatzrohr über der Kupplung den Boden schon etwas verdichtet. Dies ist durch einen erhöhten Strombedarf beim Ziehen in die nächst höhere Lage, im Verhältnis zum Strombedarf beim ersten Versenken durch dieselbe Höhenlage, gemessen worden (DEGEN).

2.2   Das ebene Pendel
Planar pendulum

Betrachten wir zunächst ein einfaches nicht rotierendes Pendel mit einem fixen Aufhängepunkt[1]. Ein/e geschulte/r MechanikerIn (DynamikerIn) mag diese Überlegungen getrost überspringen.

---

[1]Es wird später gezeigt, daß das ebene Pendel die Projektion der Bewegung eines rotierenden Pendels in eine vertikale Ebene ist.

2.2.1 Freie Schwingung
Free oscillation

Das mathematische Pendel: Ein mathematisches Pendel laut Abbildung 2.2 wird durch die Gleichung

$$J_\Theta^0 \ddot{\vartheta} + M_0 = 0$$

beschrieben. Darin ist $M_0 = mgx = mgl \sin\vartheta$ das Moment der Gewichtskraft um den Aufhängepunkt 0, und $J_\Theta^0 = ml^2$ das Massenträgheitsmoment des Massenpunktes um den Aufhängepunkt 0.

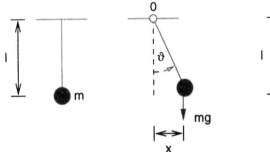

Abbildung 2.2: Mathematisches Pendel

Figure 2.2: Mathematical pendulum

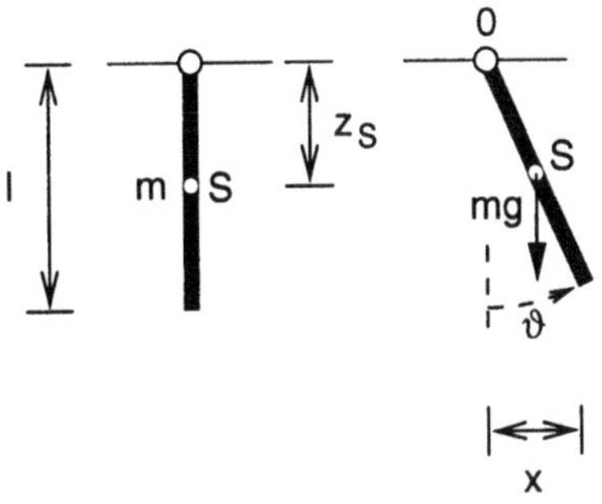

Abbildung 2.3: Physikalisches Pendel

Figure 2.3: Physical pendulum

Damit wird die Beziehung zu

$$\ddot{\vartheta} + \frac{g}{l} \sin\vartheta = 0 \quad .$$

Für kleine Auslenkungen ist $\sin\vartheta \approx \vartheta$. Somit wird die linearisierte Bewegungsgleichung für die Verdrehung ϑ zu

$$\ddot{\vartheta} + \frac{g}{l}\vartheta = 0 \quad .$$

Für die Auslenkung x gelten die kinematischen Zusammenhänge:

$$
\begin{aligned}
x &= l \sin\vartheta \\
\dot{x} &= l\dot{\vartheta} \cos\vartheta \\
\ddot{x} &= l\ddot{\vartheta} \cos\vartheta - l\dot{\vartheta}^2 \sin\vartheta
\end{aligned}
$$

Verwenden wir die Linearisierungen $\sin\vartheta \approx \vartheta$, $\cos\vartheta \approx 1$ und $\dot{\vartheta}^2 \approx 0$, so erhalten wir die Bewegungsgleichung

$$\ddot{x} + \frac{g}{l}x = 0 \quad .$$

Die Eigenfrequenz[2] dieses Systems ist $\omega = \sqrt{\frac{g}{l}}$.

Das physikalische Pendel: Ein physikalisches Pendel laut Abbildung 2.3 wird durch die Gleichung

$$J_{\Theta}^{0}\ddot{\vartheta} + M_0 = 0$$

beschrieben. Das Moment der im Schwerpunkt S angreifenden Gewichtskraft mg um den Aufhängepunkt ist $M_0 = mgz_S \sin\vartheta$. Damit wird die Bewegungsgleichung zu

$$J_{\Theta}^{0}\ddot{\vartheta} + mz_S g \sin\vartheta = 0 \quad .$$

Darin ist $mz_S = \int\limits_{0}^{l} z\,dm$ das Massenmoment und $J_{\Theta}^{0} = \int\limits_{0}^{l} z^2\,dm$ das Massenträgheitsmoment des Pendels um den Aufhängepunkt 0.

Für kleine Auslenkungen ist $\sin\vartheta \approx \vartheta$. Somit wird die linearisierte Bewegungsgleichung für die Verdrehung ϑ zu

$$\ddot{\vartheta} + \frac{mz_S}{J_{\Theta}^{0}} g\vartheta = 0 \quad ,$$

mit der Eigenfrequenz

$$\omega = \sqrt{\frac{mz_S}{J_{\Theta}^{0}}} = \sqrt{\frac{z_S}{i_0^2}} \quad ,$$

worin i_0 der Trägheitsradius ist. Er gibt an, in welchem Abstand i_0 von der Drehachse 0 man sich die Gesamtmasse m konzentriert denken muß, damit sie das gleiche Trägheitsmoment hat, wie der Körper selbst.

Für ein Stabpendel mit konstanter Massenverteilung ist $z_S = \frac{l}{2}$ und $J_{\Theta}^{0} = \frac{1}{3}ml^2$. Damit wird die Bewegungsgleichung für die Verdrehung

$$\ddot{\vartheta} + \frac{3}{2}\frac{g}{l}\vartheta = 0 \quad .$$

Mit den selben Näherungen wie vorher erhalten wir auch die Bewegungsgleichung für die Spitze:

$$\ddot{x} + \frac{3}{2}\frac{g}{l}x = 0 \quad .$$

Die Eigenfrequenz eines Stabpendels mit konstanter Massenverteilung ist $\omega = \sqrt{\frac{3}{2}\frac{g}{l}}$.

---

[2]ω ist die Kreisfrequenz oder bei Drehbewegungen die Winkelgeschwindigkeit. Zwischen Kreisfrequenz ω und Frequenz f besteht der Zusammenhang $\omega = 2\pi f$. Da Eigenkreisfrequenz etwas umständlich klingt, wird meist kurz Eigenfrequenz gesagt.

Vergleich des mathematischen mit dem physikalischen Pendel Ein physikalisches Pendel mit den Kenngrößen m, z_S und J_Θ^0 verhält sich bei freier Schwingung gleich wie ein mathematische Pendel mit einer reduzierten Länge $l_{red} = \frac{J_\Theta^0}{m z_S}$ (HAUGER et al., 1983, S. 193). Für das Stabpendel mit konstanter Massenverteilung ist die reduzierte Länge des entsprechenden mathematischen Pendels $l_{red} = \frac{2}{3}l$.

2.2.2 Erzwungene Schwingung
Forced oscillation

Wir betrachten nun ein physikalisches Pendel, das mit einer Kraft $F(t) = F \cos \Omega t$ wie in Abbildung 2.4 erregt wird.

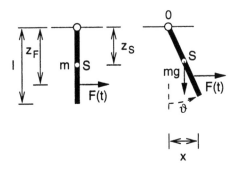

Abbildung 2.4: Erzwungene Schwingung eines physikalischen Pendels
Figure 2.4: Forced oscillation of a physical pendulum

Dieses System genügt der Bewegungsgleichung:

$$J_\Theta^0 \ddot{\vartheta} + m z_S g \sin \vartheta = z_F F \cos \Omega t$$

Mit den vorigen Linearisierungen ($\sin \vartheta = \vartheta$, $x = \vartheta l$ und $\ddot{x} = \ddot{\vartheta} l$) erhalten wir die Bewegungsgleichung für die Spitze

$$\ddot{x} + \frac{m z_S}{J_\Theta^0} g x = \frac{l}{J_\Theta^0} z_F F \cos \Omega t \quad .$$

Wir wollen hier die homogene Lösung nicht betrachten[3]. Die stationäre (partikuläre) Lösung dieser Gleichung ist

$$x = X \cos \Omega t \quad , \quad X = \frac{\frac{l}{J_\Theta^0} z_F F}{\frac{m z_S}{J_\Theta^0} g - \Omega^2} = \frac{l z_F F}{(\omega^2 - \Omega^2) J_\Theta^0} \quad .$$

---

[3]Sie wird im realen System durch die immer vorhandene Reibung gedämpft.

Für ein Stabpendel mit konstanter Massenverteilung und $z_F = l$ ist die Amplitude[4]:

$$A = |X| = \frac{3F}{m\left|\frac{2}{3}\frac{g}{l} - \Omega^2\right|} \tag{2.1}$$

Für $\Omega \gg \omega^2 = \frac{2}{3}\frac{g}{l}$ wird die Amplitude $A \approx \frac{3F}{m\Omega^2}$. Dies gibt als Näherung für die Amplitude der Spitze in Luft schon recht gute Werte für einige der derzeit verwendeten Rüttler (Tabelle 2.1)

$$A_L \approx \frac{3F}{m\Omega^2} \quad . \tag{2.2}$$

Tabelle 2.1: Werte für Näherungsformel 2.2

Table 2.1: Values for the amplitude of the tip of various vibrators, producer specifications versus equation 2.2

Rüttler		Bauer		Keller				Vibroflot		
		TR13	TR85	M	S	A	L	V10	V23	V42
Gewicht	kg	1000	2090	1600	2450	1900	1815	820	2200	2600
Drehzahl	U/min	3250	1800	3000	1800	2000	3600	3600	1800	1500
Schlagkraft	kN	150	330	150	220	160	201	150	300	472
A_L Hersteller	mm	3	11	3.6	9	6.9	2.7	5	11.5	21
A_L Näherung	mm	3.9	13.3	2.8	7.6	5.8	2.3	3.9	11.5	22.1

Für ein durch eine Kraft im Massenschwerpunkt erregtes mathematisches Pendel mit der Länge l, $z_F = l$, $J_\Theta^0 = ml^2$ und $\omega = g/l$ wird die Amplitude zu

$$A = \frac{3F}{m\left|\frac{2}{3}\frac{g}{l} - \Omega^2\right|} \quad . \tag{2.3}$$

Für $\Omega \gg \omega$ ist die Amplitude somit $A \approx \frac{F}{m\Omega^2}$, also $\frac{1}{3}$ der Amplitude des Stabpendels.

2.3 Das rotierende Pendel
Rotating pendulum

Nun soll gezeigt werden, daß das linearisierte ebene Pendel eine Projektion der Bewegung eines linearisierten rotierenden Pendels ist.

---

[4]Die Amplitude einer Schwingung ist definitionsgemäß positiv. X kann aber positiv oder negativ sein, je nach dem ob die Erregung unterhalb oder oberhalb der Eigenfrequenz des Systems erfolgt. Ist $\Omega > \omega$, also eine Erregung über der Eigenfrequenz, wird X negativ, was eine Schwingung des Pendels in Gegenphase zur Erregung bedeutet.

2.3.1 Freie Rotation
Free rotation

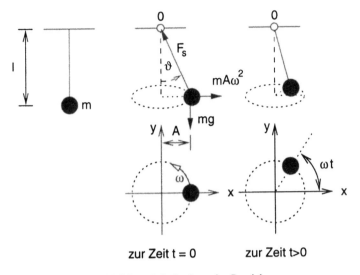

zur Zeit t = 0   zur Zeit t>0

Abbildung 2.5: Rotierendes Pendel

Figure 2.5: Rotating pendulum

Wir betrachten das rotierende Pendel in Abbildung 2.5. Wir fragen uns, mit welcher Winkelgeschwindigkeit ω es rotieren muß, damit die Amplitude A konstant bleibt.

Bei konstanter Amplitude $A = l \sin \vartheta$ und konstanter Winkelgeschwindigkeit ω wirkt als Trägheitskraft nur die Fliehkraft $mA\omega^2$ in radialer Richtung auf die Masse. Tangential zur Bewegung wirken keine Kräfte. Sonst greift noch das Eigengewicht mg und die Stabkraft F_s an der Masse an.

Das Gleichgewicht in vertikaler Richtung ist

$$mg = F_s \cos \vartheta \quad ,$$

und in radialer Richtung

$$m\omega^2 l \sin \vartheta = F_s \sin \vartheta \quad .$$

Daraus läßt sich jenes ω ermitteln, für welches das System seine Auslenkung nicht ändert

$$\omega^2 = \frac{g}{l} \cos \vartheta \quad .$$

Mit der Linearisierung $\cos \vartheta \approx 1$ für kleine Auslenkungen ϑ entspricht dies der Eigenfrequenz des ebenen Pendels $\omega = \sqrt{\frac{g}{l}}$.

Die Amplitude ist unbestimmt, sie hängt wie beim ebenen Pendel von den Anfangsbedingungen, sprich der Anfangsauslenkung, ab.

Die Projektion in die x-z Ebene ergibt $x = X \cos \omega t$, und das ist die linearisierte
Bewegung eines ebenen Pendels.

2.3.2   Erzwungene Rotation
Forced rotation

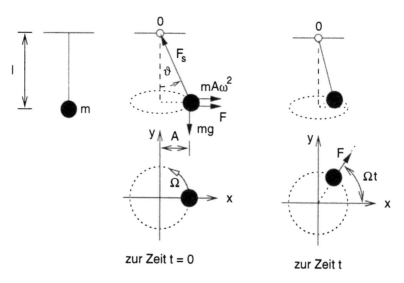

Abbildung 2.6: Rotierendes Pendel mit angreifender Kraft

Figure 2.6: Forced rotating pendulum

An dem mit Ω rotierenden Pendel in Abbildung 2.6 soll eine Kraft angreifen, die mit
demselben Betrag F immer in die Radialrichtung zeigt. Das ist eine mit konstantem
Ω drehende Kraft[5]. Die Projektion dieser Kraft in die x-z Ebene ist $F \cos \Omega t$. Das
entspricht der Erregung eines ebenen Pendels.

Wir wollen hier wieder den „Gleichgewichtszustand" betrachten, in dem sich die
Auslenkung nicht ändert.

Das Gleichgewicht in vertikaler Richtung ist

$$mg = F_s \cos \vartheta \quad ,$$

und in radialer Richtung

$$F + m\Omega^2 l \sin \vartheta = F_s \sin \vartheta \quad .$$

---

[5]Dies kann zum Beispiel die Fliehkraft einer Unwucht sein, deren Masse sehr klein im Verhältnis
zu m ist.

Daraus erhalten wir in linearisierter Form ($\cos \vartheta \approx 1$ und $\sin \vartheta \approx \vartheta$)

$$F + m\Omega^2 l\vartheta = mg\vartheta \quad .$$

Dies ergibt die Auslenkung

$$\vartheta = \frac{F}{mg - m\Omega^2 l} \quad ,$$

und die Amplitude

$$A = |\vartheta l| = \frac{F}{m \left| \frac{g}{l} - \Omega^2 \right|} \quad .$$

Das ist auch die Amplitude eines mit der Kraft $F \cos \Omega t$ erregten linearisierten ebenen mathematischen Pendels (vgl. Gleichung 2.3).

2.4 Vergleich des Pendels mit einem Masse-Feder System
Comparison between pendulum and mass-spring system

Kann die Bewegung eines physikalischen Pendels durch die Bewegung eines Massenpunktes beschrieben werden ?

Dazu betrachten wir das einfache Masse-Feder System in Abbildung 2.7 mit der Federsteifigkeit k. Es wird durch die Kraft $F_E \cos \Omega t$ erregt. Damit ist die Bewe-

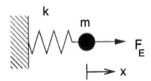

Abbildung 2.7: Masse-Feder Schwingsystem

Figure 2.7: Mass-spring oscillator

gungsgleichung des Systems

$$\ddot{x} + \frac{k}{m} x = \frac{F_E}{m} \cos \Omega t \quad .$$

Die linearisierte Bewegungsgleichung für die Spitze des physikalischen Pendels in Abbildung 2.4 ist

$$\ddot{x} + \frac{m z_S}{J_\Theta^0} g x = \frac{l}{J_\Theta^0} z_F F \cos \Omega t \quad .$$

Aus dem Vergleich der Koeffizienten folgen die Federsteifigkeit des Ersatzsystems und die Ersatzkraft

$$k = m\frac{mz_S}{J_\Theta^0}g = \frac{mz_S}{i_0^2}g$$

$$F_E = m\frac{l}{J_\Theta^0}z_F F = \frac{lz_F}{i_0^2}F \quad,$$

worin i_0 der Trägheitsradius des Pendels um den Punkt 0 ist.

Für den einfachen Fall eines mathematischen Pendels mit $J_\Theta^0 = ml^2$, $z_S = z_F = l$ werden diese Ersatzgrößen zu:

$$k = m\frac{g}{l}$$

$$F_E = F$$

2.5   Das ebene Pendel mit beweglichem Aufhängepunkt
Pendulum with roller support

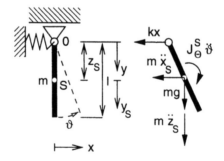

Abbildung 2.8: Pendel mit beweglichem Auflager

Figure 2.8: Pendulum with roller support

Wie wir aus der Bewegung des schwingenden Rüttlers wissen, ist der Aufhängepunkt nicht in Ruhe. Es gibt eine Bewegung der Aufsatzrohre und eine Verschiebung in der elastischen Kupplung. Der eigentliche Zweck der Kupplung ist ja eine dynamische Entkoppelung des Rüttlers von den Aufsatzrohren. Zum Festhalten des Aufhängepunktes eines Pendels benötigt man eine horizontale Auflagerkraft, die sich dann auf die Aufsatzrohre übertragen würde, und genau das versucht man zu vermeiden. Andererseits wollen die Hersteller den Ruhepunkt der Bewegung in die Kupplung legen. Diese zwei Forderungen widersprechen sich. Entweder wird der Rüttler an seiner Schulter festgehalten, die dazu notwendige Querkraft von der Kupplung aufgenommen und die Schwingung in die Aufsatzrohre übertragen, oder man läßt den Rüttler am Aufhängepunkt frei. Dann muß die Kupplung unter Umständen große Verschiebungen aufnehmen. Man kann höchstens versuchen, durch entsprechende Verteilung der Massen über den Rüttler, also entsprechende Wahl von mz_S und J_Θ^0, den Ruhepunkt der Bewegung möglichst nahe zur Kupplung zu bringen.

Als einfachstes Modell des Systems wollen wir ein Stabpendel mit einem gefederten Auflager betrachten.

Freie Schwingung eines Stabpendels mit gefedertem Auflager: Wir vernachlässigen hierbei erstens die Masse der mitschwingenden Aufsatzrohre. Wenn man davon ausgeht, daß die Kupplung die Schwingungen zwischen Rüttler und Aufsatzrohr weitgehend entkoppelt ist, sollte diese Vernachlässigung gerechtfertigt sein. Desweiteren ist die Kupplung aus einem viskoelastischen Material. Wir vernachlässigen hier auch die geschwindigkeitsproportionale Dämpfung der Kupplung. Diese Vernachlässigungen führen zu dem Schwingsystem in Abbildung 2.8.

Mit den Gleichgewichtsbedingungen

$$m\ddot{x}_S + kx = 0$$
$$J_\Theta^S\ddot{\vartheta} + z_S m\ddot{x}_S + x_S m\ddot{z}_S + z_S\vartheta mg = 0 \quad,$$

worin J_Θ^S das Trägheitsmoment um den Schwerpunkt S ist, und den linearisierten kinematischen Beziehungen zwischen der Verschiebung des Aufhängepunktes x, der Verschiebung der Schwerpunktes x_S und der Verdrehung ϑ

$$x_S = x + \vartheta z_S \quad , \quad z_S = \text{const.}$$
$$\ddot{x}_S = \ddot{x} + \ddot{\vartheta}z_S$$

erhalten wir die Bewegungsgleichungen

$$m\ddot{x} + mz_S\ddot{\vartheta} + kx = 0$$
$$(J_\Theta^S + mz_S^2)\ddot{\vartheta} + z_S m\ddot{x} + z_S mg\vartheta = 0$$

oder in Matrizenform

$$\mathbf{M\ddot{x} + Kx = 0} \tag{2.4}$$

mit den Matrizen und Vektoren

$$\mathbf{M} = \begin{bmatrix} m & mz_S \\ mz_S & J_\Theta^S + mz_S^2 \end{bmatrix} \quad , \quad \mathbf{K} = \begin{bmatrix} k & 0 \\ 0 & gmz_S \end{bmatrix} \quad , \quad \mathbf{x} = \begin{bmatrix} x \\ \vartheta \end{bmatrix}$$

Zur Lösung dieses Systems von zwei gekoppelten, homogenen Differentialgleichungen zweiter Ordnung mit konstanten Koeffizienten treffen wir den Lösungsansatz[6]

$$x = X \cos \omega t \quad , \quad \vartheta = \Theta \cos \omega t \tag{2.5}$$

oder in Matrizenform

$$\mathbf{x} = \mathbf{X} \cos \omega t \quad , \quad \mathbf{X} = \begin{bmatrix} X \\ \Theta \end{bmatrix} \quad .$$

Darin sind X, Θ und ω noch unbestimmt. Einsetzen in die Bewegungsgleichung 2.4 führt auf das homogene, algebraische Gleichungssystem

$$(\mathbf{K} - \omega^2 \mathbf{M})\mathbf{X} = 0$$

für die Konstanten X, Θ. Die triviale Lösung $X = \Theta = 0$ liefert nach Gleichung 2.5 keine Ausschläge. Bedingung dafür, daß auch nichttriviale Lösungen existieren, ist das Verschwinden der Koeffizientendeterminante:

$$\det(\mathbf{K} - \omega^2 \mathbf{M}) = 0$$

Auflösen liefert die *charakteristische Gleichung*

$$\omega^4 m J_\Theta^S + \omega^2(-k J_\Theta^S - m^2 g z_S - k m z_S^2) + k g m z_S = 0 \quad . \tag{2.6}$$

Dies ist eine quadratische Gleichung für ω^2. Ihre Lösungen ω_1^2 und ω_2^2 sind nach den Vietaschen Wurzelsätzen positiv,

$$q := \omega_1^2 \omega_2^2 = \frac{k g z_S}{J_\Theta^S} > 0 \quad , \quad p := \omega_1^2 + \omega_2^2 = \frac{k}{m} + \frac{m z_S^2}{J_\Theta^S}\left(\frac{k}{m} + \frac{g}{z_S}\right) > 0 \quad .$$

Die beiden Wurzeln ω_1 und ω_2 sind also reell. Sie sind die Eigenfrequenzen des Systems:

$$\omega_{1,2}^2 = \frac{p}{2} \pm \sqrt{\frac{p^2}{4} - q}$$

Erzwungene Schwingung eines Stabpendels mit gefedertem Auflager: Wird das gefedert gelagerte Stabpendel mit einer periodischen Kraft $F(t) = F \cos \Omega t$

---

[6]vergleiche HAUGER et al. (1983, Kap. 5.4,S. 225 ff)

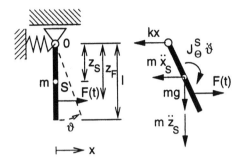

Abbildung 2.9: Erregtes pendel mit beweglichem Auflager

Figure 2.9: Forced pendulum with roller support

im Abstand z_F vom Auflagerpunkt 0 erregt (Abbildung 2.9), ergeben sich die Bewegungsgleichungen zu:

$$\mathbf{M}\ddot{\mathbf{x}} + \mathbf{K}\mathbf{x} = \mathbf{F}\cos\Omega t \tag{2.7}$$

mit

$$\mathbf{M} = \begin{bmatrix} m & mz_S \\ mz_S & J_\Theta^S + mz_S^2 \end{bmatrix} \quad , \quad \mathbf{K} = \begin{bmatrix} k & 0 \\ 0 & gmz_S \end{bmatrix}$$

$$\mathbf{x} = \begin{bmatrix} x \\ \vartheta \end{bmatrix} \quad , \quad \mathbf{F} = \begin{bmatrix} F \\ z_F F \end{bmatrix}$$

Dies ist ein System von inhomogenen Differentialgleichungen zweiter Ordnung. Die allgemeine Lösung $\mathbf{x}$ setzt sich aus der allgemeinen Lösung $\mathbf{x}_h$ der homogenen Differentialgleichungen und einer partikulären Lösung $\mathbf{x}_p$ der inhomogenen Gleichungen zusammen: $\mathbf{x} = \mathbf{x}_h + \mathbf{x}_p$. Da bei realen Systemen der Anteil $\mathbf{x}_h$ wegen der in Wirklichkeit stets vorhandenen Dämpfung abklingt, betrachten wir hier nur die Partikulärlösung $\mathbf{x}_p$. Wir wählen einen Ansatz vom Typ der rechten Seite der Bewegungsgleichung 2.7

$$x_p = X\cos\Omega t \quad , \quad \vartheta_p = \Theta\cos\Omega t$$
$$\mathbf{x}_p = \mathbf{X}_p\cos\Omega t \quad , \quad \mathbf{X}_p = \begin{bmatrix} X \\ \Theta \end{bmatrix} \quad .$$

Einsetzten dieses Ansatzes in Gleichung 2.7 und Lösen des inhomogenen Gleichungssystems liefert die Amplituden der Bewegung

$$X = F\frac{gmz_S + \Omega^2 mz_S(z_F - z_S) - \Omega^2 J_\Theta^0}{\det(\mathbf{K} - \Omega^2\mathbf{M})} \quad , \quad \Theta = F\frac{z_F k - \Omega^2 m(z_F - z_S)}{\det(\mathbf{K} - \Omega^2\mathbf{M})} \quad .$$

Zur Vereinfachung des Ausdruckes der Nennerdeterminante betrachten wir noch einmal die charakteristische Gleichung 2.6 für ω^2, die ω_1^2 und ω_2^2 als Lösung hat. Diese sind somit auch Lösung von $\det(\mathbf{K} - \Omega^2\mathbf{M}) = 0$.

Nach dem Fundamentalsatz der Algebra kann man ein Polynom auch durch seine Nullstellen ausdrücken:

$$(\omega^2 - \omega_1^2)(\omega^2 - \omega_2^2) = \omega^4 - \omega^2(\omega_1^2 + \omega_2^2) + \omega_1^2\omega_2^2 = \omega^4 + p\omega^2 + q$$

Somit kann die Nennerdeterminante auch geschrieben werden:

$$\det(\mathbf{M} - \Omega^2\mathbf{K}) = (\Omega^2 - \omega_1^2)(\Omega^2 - \omega_2^2)mJ_\Theta^S$$

Damit werden die Amplituden der Bewegung zu

$$X = F\frac{gmz_S + \Omega^2 mz_S(z_F - z_S) - \Omega^2 J_\Theta^S}{(\Omega^2 - \omega_1^2)(\Omega^2 - \omega_2^2)mJ_\Theta^S}$$

$$\Theta = F\frac{z_F k - \Omega^2 m(z_F - z_S)}{(\Omega^2 - \omega_1^2)(\Omega^2 - \omega_2^2)mJ_\Theta^S} \quad .$$

Daraus sehen wir, daß die Amplituden unendliche Werte für die Eigenfrequenzen des Systems haben.

Die Amplitude der Verschiebung der Schulter des Rüttlers ist also X, die Amplitude der Spitze des Rüttlers ist $X + l\Theta$.

2.5.1 Näherung mit verschwindender Federsteifigkeit des Auflagers
Approximation with zero stiffness

Analysen mit realen Rüttlerdaten zeigen, daß die errechnete Amplitude der Spitze für $k = 0$ eine gute Näherung an die gemessenen Werte darstellt. Der Rüttler ist also beinahe total von den Aufsatzrohren entkoppelt. Dies soll die Kupplung ja auch bewirken.

Wir wollen im folgenden die Näherung $k = 0$ beibehalten. Dieses System bewegt sich dann nur mehr in einer Eigenschwingung mit der Eigenfrequenz[7]

$$\omega = \sqrt{\frac{mgz_S}{J_\Theta^S}} = \sqrt{g\frac{z_S}{i_S^2}} \quad .$$

---

[7]Vergleiche übrigens mit der Eigenfrequenz des in 0 fest gelagerten Pendels:

$$\omega = \sqrt{g\frac{z_S}{i_0^2}} < \sqrt{g\frac{z_S}{i_S^2}}$$

Das im Auflager frei bewegliche Pendel schwingt schneller, was auch leicht vorstellbar ist.

Die Amplituden der Bewegung werden damit zu:

$$X = \frac{F[gmz_S + \Omega^2 mz_S(z_F - z_S) - \Omega^2 J_\Theta^0]}{\Omega^2(\Omega^2 - \omega^2)mJ_\Theta^S}$$

$$= \frac{F\left[\frac{J_\Theta^S}{m}\left(1 - \frac{\omega^2}{\Omega^2}\right) - z_S(z_F - z_S)\right]}{(\omega^2 - \Omega^2)J_\Theta^S}$$

$$\Theta = \frac{F[z_F k - \Omega^2 m(z_F - z_S)]}{\Omega^2(\Omega^2 - \omega^2)mJ_\Theta^S)} = \frac{F(z_F - z_S)}{(\omega^2 - \Omega^2)J_\Theta^S}$$

2.5.2 Näherung für übliche Rüttler
Approximation for usual deep compaction vibrators

Bei Rüttlern mit üblichen Bauformen ist die Eigenfrequenz ω für den Betrieb in Luft viel kleiner als die Betriebsfrequenz Ω. Damit ergibt sich folgende Näherung für die Amplitude der Spitze in Luft.

$$A_L = |X + l\Theta| \approx \frac{F}{\Omega^2}\left(\frac{1}{m} + \frac{(z_F - z_S)(l - z_S)}{J_\Theta^S}\right)$$

Die Gesamtmasse m setzt sich zusammen aus der Summe der nicht rotierenden Massen des Rüttlers m_r und der rotierenden Masse m_u, also $m = m_r + m_u$. Im Trägheitsmoment J_Θ^S sind beide Massen berücksichtigt.

Die Kraft F wird durch die Unwucht m_u, die im Abstand r um die Rüttlerachse rotiert, erzeugt. Sie ist somit $F = m_u r\Omega^2$.

Damit wird die Amplitude des Rüttlers in Luft näherungsweise frequenzunabhängig

$$A_L \approx m_u r\left(\frac{1}{m} + \frac{(z_F - z_S)(l - z_S)}{J_\Theta^S}\right) \quad .$$

Den Ruhepunkt der Bewegung finden wir, wenn wir statt l den gesuchten Abstand von der Schulter als Variable z_0 einsetzen, und die Amplitude des Rüttlers in diesem Abstand z_0 gleich Null setzen. Daraus erhalten wir näherungsweise für den Ruhepunkt der Bewegung

$$z_0^{theor} \approx z_S - \frac{J_\Theta^S}{m(z_F - z_S)} \quad .$$

Die doch vorhandene Steifigkeit der Kupplung macht sich hier stärker bemerkbar als in der Amplitude. Mit größer werdender Steifigkeit verschiebt sich der Ruhepunkt der Bewegung weiter nach oben, das heißt z_0 wird kleiner[8].

Messungen an Rüttlern zeigen, daß der reale Nullpunkt ungefähr bei

$$z_0^{real} \approx \left(\frac{1}{2} \text{ bis } \frac{2}{3}\right) z_0^{theor}$$

liegt.

Als weitere Vereinfachung nehmen wir an, daß die Masse über den Rüttler gleich verteilt ist: $J_\Theta^S = \frac{1}{12}ml^2$ und $z_S = l/2$. Die Schlagkraft[9] F der Unwucht greift bei den meisten Rüttlern bei $z_F \approx \frac{3}{4}l$ an. Damit wird die Amplitude der Spitze in Luft ungefähr zu

$$A_L \approx \frac{2.5\,F}{m\Omega^2} = 2.5\frac{m_u r}{m} \quad ,$$

und der Ruhepunkt der Bewegung zu

$$z_0^{theor} \approx \frac{1}{6}l$$
$$z_0^{real} \approx \left(\frac{1}{12} \text{ bis } \frac{1}{9}\right) l \quad .$$

Die hier ermittelte Amplitude ist etwas geringer als die in Abschnitt 2.2.2 erhaltene Abschätzung $A_L \approx \frac{3\,F}{m\Omega^2}$. Dort wird aber das Pendel im Lager 0 festgehalten, und die Kraft F greift an der Spitze an, was nicht den realen Verhältnissen entspricht.

2.6 Pendel mit Dämpfung
Damped pendulum

Bewegt sich der Rüttler im Boden, wird er durch diesen festgehalten. Diese Festhaltung kann in erster Näherung für einen „elastischen" Boden durch Federn und viskose Dämpfer beschrieben werden. Die Federn beschreiben die Steifigkeit des Bodens, die viskosen Dämpfer die Summe aus Abstrahldämpfung und Materialdämpfung[10] (vgl. Anhang C).

---

[8]Im Grenzfall für $k \rightarrow \infty$ und festgehaltenen Aufsatzrohren ist der Ruhepunkt der Bewegung natürlich im Lager 0, also $z_0 = 0$

[9]Die Schlagkraft ist die Fliehkraft der Unwucht.

[10]Die Abstrahldämpfung beschreibt den Leistungsverlust durch das Abstrahlen von Wellen in den elastischen Halbraum. Die Materialdämpfung beschreibt den Leistungsverlust durch das hysteresische Materialverhalten des Bodens.

Die Beschreibung dieser Federn und Dämpfer ist in Analogie zu zwei Modellen möglich :

- Analogie zur Fundamentschwingung

- Analogie zur Pfahlschwingung

2.6.1 Analogie zur Fundamentschwingung
Analogy to foundation oscillation

Warum ist eine Fundamentschwingung mit der Bewegung eines Rüttlers zu vergleichen? Wie in Abschnitt 2.3 gezeigt wurde, ist ein ebenes Pendel die Projektion eines rotierenden Pendels. Die Rotation kann also aus zwei rechtwinklig aufeinander stehenden ebenen Bewegungen zusammengesetzt werden. Es genügt hiermit, zumindest im linear-elastischen Fall, eine dieser Projektionen zu betrachten.

Damit reduziert sich das System auf ein ebenes im Boden schwingendes Pendel. Dieses Pendel ist auf den ersten Blick auf beiden Seiten mit dem Boden in Kontakt. Das sieht nicht so aus wie ein Fundament, welches ja auf dem Halbraum steht und nur einseitigen Kontakt hat.

Eine wesentliche Voraussetzung für das Gelingen einer Rütteldruckverdichtung ist das Nachströmen von Material aus höher gelegenen Schichten innerhalb einer sogenannten *verflüssigten Zone*[11] rund um den Rüttler, wie in Abbildung 2.10 dargestellt.

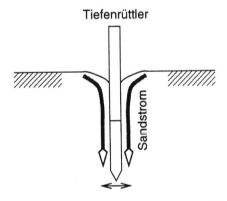

Abbildung 2.10: Nachströmen von Material bei der Rütteldruckverdichtung

Figure 2.10: Material flow around the vibrator (so called "self feeding")

---

[11]Diese Zone wird von den Autoren als verflüssigt bezeichnet. Diese Bezeichnung wird wohl gewählt, weil der Boden rund um den Rüttler wie eine zähe Flüssigkeit in die Tiefe strömt. Wie groß die Schubspannungen in diesem Bereich sind, ist unbekannt.

Kann das Material nicht nachströmen, wie das z.B. bei bindigem Boden der Fall ist, schlägt sich der Rüttler in kurzer Zeit ein Loch frei und hat dann die meiste Zeit, bis auf ein paar Stöße, keinen Kontakt mehr zum Boden. Er kann sich auch ein so großes Loch schlagen, daß er wie in Luft ohne Wirkung auf den Boden schwingt.

Aber auch nichtbindiges Material kann nicht nachströmen, wenn es keinen Platz dazu hat. Es muß sich also mindestens im Nachlauf des Rüttlers, also dort, wo sich der Rüttler wieder von der Lochwand entfernt, ein Bereich entstehen, in dem die Spannungen soweit abnehmen, daß sich der Boden stark auflockert oder sogar ein Spalt zwischen Rüttler und Boden entsteht. Dazu muß die Schlagkraft einen gewissen Wert überschreiten.

Ich nehme daher an, daß der Rüttler hinter sich einen Spalt öffnet, in den – oder durch dessen entspannende Wirkung – Material von oben nachfließen kann (Abbildung 2.11).

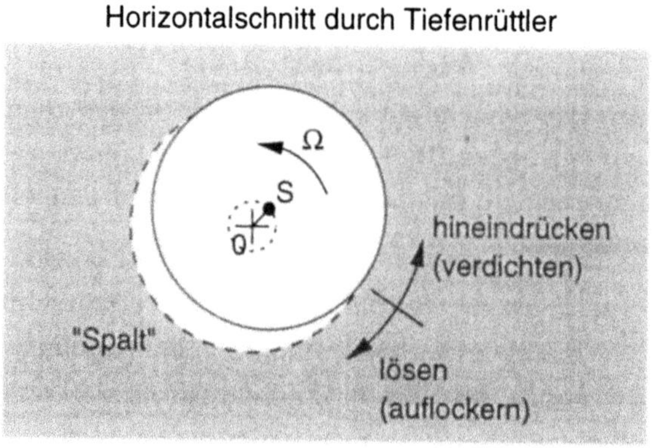

Horizontalschnitt durch Tiefenrüttler

Abbildung 2.11: Lösen des Bodens im Nachlauf des Rüttlers
Figure 2.11: Loss of contact to the vibrator

Über diesen Spalt, bzw. die aufgelockerte Zone, kann die Horizontalspannung nicht oder nur wenig übertragen werden, was einem Kontaktverlust entspricht. Die Länge dieses „Spaltes" ist nicht abzuschätzen, und wird deshalb einfach mit dem halben Umfang angenommen. Damit ist der Rüttler immer nur mit einer Hälfte in Kontakt mit dem Boden. Das entspricht dann einem Fundament auf dem Halbraum.

Die Horizontalschwingung des Rüttlers ist bei genügend großer Tiefe gleich der Vertikalschwingung eines Fundamentes, da für die Ableitung der Federsteifigkeiten und Dämpfungskonstanten zur Beschreibung der Wirkung des elastischen Halbraumes, z.B. nach WOLF (1994), keine Gravitation berücksichtigt wird. Eine Drehung um 90° ist also unbedeutend[12] .

---

[12]In den Ableitungen für die Wellenausbreitung beim Kegelmodell nach WOLF (1994) ist die Gravitation nicht berücksichtigt. Es ist also gleichgültig, ob die Kompressionswelle in einem horizontal be-

Für die Schwingungen, hier im besonderen für die Vertikalschwingung und Kipp-schwingung, eines Fundamentes geben DAS (1983), HOLZLÖHNER (1986), GAZE-TAS (1991) und WOLF (1994) Werte für Federsteifigkeiten und Dämpfungskonstan-ten an.

Damit erhalten wir das in Abbildung 2.12 dargestellte Ersatzsystem. Die Bewegung ist in eine Verschiebung x_S des Schwerpunktes und eine Drehung ϑ um den Schwer-punkt aufgespalten.

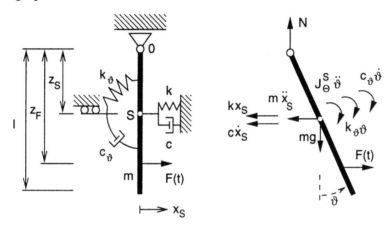

Abbildung 2.12: Ersatzsystem aus Analogie zu einer Fundamentschwingung

Figure 2.12: Analogy to foundation oscillation (schematic)

Mit der aus dem Kräftegleichgewicht in vertikaler Richtung folgenden Beziehung $N = mg$, wird das Kräftegleichgewicht in horizontaler Richtung und das Momen-tengleichgewicht um den Schwerpunkt durch die Gleichungen

$$m\ddot{x}_S + c\dot{x} + kx = F\cos\Omega t \tag{2.8}$$

$$J_\Theta^S \ddot{\vartheta} + c_\vartheta \dot{\vartheta} + (k_\vartheta + mgz_S)\vartheta = (z_F - z_S)F\cos\Omega t \tag{2.9}$$

ausgedrückt.

Dies sind zwei entkoppelte Schwingungen für die Schwerpunktsverschiebung und die Verdrehung mit den Eigenfrequenzen

$$\omega_x = \sqrt{\frac{k}{m}} \quad , \quad \omega_\vartheta = \sqrt{\frac{k_\vartheta}{J_\Theta^S}} \quad .$$

---

grenzten Halbraum in vertikaler Richtung, oder in einem vertikal begrenzten Halbraum in horizontaler Richtung ausgestrahlt wird. Ist der Rüttler „tief genug" so kann der Halbraum entlang der Rüttlerachse aufgeschnitten und um 90° gedreht werden („Tief genug" bedeutet, daß die Geländeoberkante, welche den durch das aufschneiden entstehenden Viertelraum begrenzt, keinen Einfluß mehr hat, also mit den Halbraumlösungen gerechnet werden kann.)

Die Lösungen für die beiden Schwingungen sind

$$x_S = X_S \sin(\Omega t + \alpha_S) \qquad (2.10)$$

$$X_S = \frac{F}{\sqrt{(k - m\Omega^2)^2 + c^2\Omega^2}} \qquad (2.11)$$

$$\alpha_S = \arctan\left(\frac{k - m\Omega^2}{c\Omega}\right) \quad \text{mit} \quad -\frac{\pi}{2} \leq \alpha_S \leq \frac{\pi}{2} \quad , \qquad (2.12)$$

und

$$\vartheta = \theta \sin(\Omega t + \alpha_\vartheta) \qquad (2.13)$$

$$\theta = \frac{(z_F - z_S)F}{\sqrt{(k_\vartheta + mgz_S - J_\Theta^S\Omega^2)^2 + c_\vartheta^2\Omega^2}} \qquad (2.14)$$

$$\alpha_\vartheta = \arctan\left(\frac{k_\vartheta + mgz_S - J_\Theta^S\Omega^2}{c_\vartheta\Omega}\right) \quad \text{mit} \quad -\frac{\pi}{2} \leq \alpha_\vartheta \leq \frac{\pi}{2} \quad , (2.15)$$

Die Bewegung der Spitze des Rüttlers ist

$$x = x_S + (l - z_S)\vartheta = X_S \sin(\Omega t + \alpha_S) + \underbrace{(l - z_S)\theta}_{X_\theta} \sin(\Omega t + \alpha_\vartheta)$$

$$= A \sin(\Omega t + \alpha)$$

mit

$$A = \sqrt{X_S^2 + X_\theta^2 + 2X_S X_\theta \cos(\alpha_S - \alpha_\vartheta)}$$

$$\alpha = \frac{X_S \sin\alpha_S + X_\theta \sin\alpha_\vartheta}{X_S \cos\alpha_S + X_\theta \cos\alpha_\vartheta} \quad .$$

Bei den üblichen Rüttlern ergibt sich $\alpha_S \approx \alpha_\vartheta$. Damit kann die Amplitude der Spitze auch ungefähr mit

$$A \approx X_S + (l - z_S)\theta$$

$$\alpha \approx \frac{\alpha_S + \alpha_\vartheta}{2}$$

ermittelt werden.

Dieses Modell kann nicht weiter vereinfacht werden, da die beiden Schwingungen entkoppelt sind und die Federsteifigkeiten k und k_ϑ sowie die Dämpfungskonstanten c und c_ϑ nicht verknüpfbar sind.

Wird dieses Modell verwendet, müssen zwei getrennte Schwingungen betrachtet werden. Es ist also wichtig, das gesamte Bewegungsverhalten des Rüttlers, nicht nur die Bewegung der Spitze zu erfassen.

Diskussion: Nach dieser etwas mühsamen Formelansammlung stellt sich natürlich die Frage, ob diese denn überhaupt zu etwas nütze sind. Nun, erstens sieht man aus den Überlegungen, daß eine Messung von Größen im Rüttler auf jeden Fall nicht nur in der Spitze erfolgen darf, wie das in der Vergangenheit geschehen ist. Weiters sollen diese Überlegungen zu einer Reduktion des dreidimensionalen Systems auf ein zwei- bzw. eindimensionales führen. Auch werden diese Formeln, sowie die ebenso etwas länglichen des nächsten Abschnittes, für eine Abschätzung der Rüttleramplitude in einem Beispiel etwas später (Abschnitt 2.6.4) verwendet.

2.6.2 Analogie zur Pfahlschwingung
Analogy to pile oscillation

Für horizontale Pfahlschwingungen geben MAKRIS und GAZETAS (1993) Werte für die Federsteifigkeit k_x und die Dämpfung c_x des Bodens an. Sie gehen dabei von einem Modell mit horizontalen Bodenscheiben aus, die sich gegenseitig nicht beeinflussen.

Unter der Annahme, daß die Steifigkeit des Rüttlers gegenüber der des Boden sehr groß ist, kann der Rüttler näherungsweise als starr angenommen werden. Damit ergeben sich bei einer Schwingung die Kräfte in Abbildung 2.13.

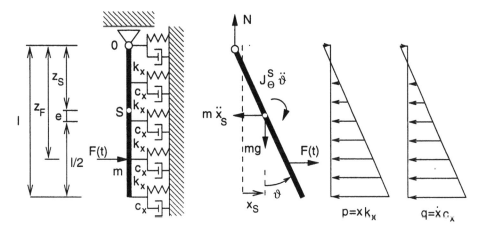

Abbildung 2.13: Ersatzsystem aus Analogie zu einer Pfahlschwingung

Figure 2.13: Analogy to pile oscillation (schematic)

Die Linienlast der elastischen Bodenreaktion $p = k_x x$ kann durch eine Ersatzkraft $P = k_x(x_S l + \vartheta l e)$ und ein Moment $M_P = k_x(x_S l e + \vartheta l(l^2/12 + e^2))$ im Schwerpunkt beschrieben werden. Darin ist $e = l/2 - z_S$ die Ausmittigkeit des Schwerpunktes. Entsprechende Beziehungen gelten für die viskose Bodenreaktion $q = c_x \dot{x}$.

Mit der aus dem Kräftegleichgewicht in vertikaler Richtung folgenden Beziehung $N = mg$, wird das Kräftegleichgewicht in horizontaler Richtung und das Momentengleichgewicht um den Schwerpunkt

$$m\ddot{x}_S + P + Q = F\cos\Omega t$$
$$J_\Theta^S \ddot{\vartheta} + mgz_S\vartheta + M_P + M_Q = (z_F - z_S)F\cos\Omega t \quad .$$

Mit P, Q, M_P und M_Q eingesetzt erhält man

$$m\ddot{x}_S + c_x l\dot{x} + c_x le\dot{\vartheta} + k_x lx_S + k_x le\vartheta = F\cos\Omega t$$

und

$$J_\Theta^S \ddot{\vartheta} + c_x le\dot{x}_S + c_x l\left(\frac{l^2}{12} + e^2\right)\dot{\vartheta} + k_x lex_S + \left(k_x l\left(\frac{l^2}{12} + e^2\right) + mgz_S\right)\vartheta$$
$$= (z_F - z_S)F\cos\Omega t \quad .$$

Dies sind zwei gekoppelte Differentialgleichungen zweiter Ordnung, die nicht mehr analytisch zu lösen sind.

Glücklicherweise ist die Ausmittigkeit des Schwerpunktes bei den üblichen Rüttlern nicht besonders groß. Somit kann eine Näherungslösung gewonnen werden, wenn $e \approx 0$ gesetzt wird. Damit sind die beiden Gleichungen wieder entkoppelt und entsprechen den Gleichungen 2.8 und 2.9 der Fundamentlösung mit

$$k = lk_k \quad , \quad c = lc_x$$
$$k_\vartheta = lk_x\frac{l^2}{12} \quad , \quad c_\vartheta = lc_x\frac{l^2}{12} \quad .$$

Nehmen wir nun noch näherungsweise an, daß die Masse über den Rüttler gleichverteilt ist, also $J_\Theta^S = m\frac{l^2}{12}$, und vernachlässigen wir das rückstellende Moment des Eigengewichtes, also $mgz_S \ll lk_x\frac{l^2}{12} = k_\vartheta$, so können die Gleichungen 2.10 bis 2.15 auch geschrieben werden:

$$x_S = X_S\sin(\Omega t + \alpha) \quad , \quad X_S = \frac{F}{\sqrt{(k - m\Omega^2)^2 + c^2\Omega^2}}$$
$$\vartheta = \theta\sin(\Omega t + \alpha) \quad , \quad \theta = 6\frac{2z_f - l}{l^2}X_S$$
$$\alpha = \arctan\left(\frac{k - m\Omega^2}{c\Omega}\right)$$

Die Bewegung der Spitze des Rüttlers hat damit die Amplitude

$$A = \underbrace{\left(6\frac{z_F}{l} - 2\right)}_{\beta}\frac{F}{\sqrt{(k - m\Omega^2)^2 + c^2\Omega^2}} \quad .$$

Mit obigen Vereinfachungen kann der Rüttler durch einen Einmassenschwinger mit Feder und viskoser Dämpfung, der die Bodenparameter $k = k_x l$ und $c = c_x l$ besitzt und mit einer β-fachen Kraft erregt wird, dargestellt werden.

Diskussion: Obige Überlegungen zeigen, daß das linear-elastische dreidimensionale Schwingsystem mit entsprechenden Vereinfachungen in ein eindimensionales Problem übergeführt werden kann. Dies wird im folgenden verwendet und ebenso für das nichtlineare Problem als Näherung angewendet.

2.6.3 Berechnung der Modellparameter k und c
Model parameters

Hier gebe ich nur die Formeln an, mit denen zur Zeit in der Bodendynamik gerechnet wird. Weitere Erklärungen und Herleitungen sind in der angegebenen Literatur zu finden.

Kleine Verzerrungen

Für kleine Verzerrungen ist die Materialdämpfung nur 1 bis 5% der Abstrahldämpfung und wird daher vernachlässigt.

Für alle angegebenen Lösungen müssen gewisse „elastische" Bodenkennwerte berechnet werden.

Für Sand gibt DAS (1983) eine Abschätzung der Scherwellengeschwindigkeit c_s an,

$$c_s = (19.70 - 9.06e)\sigma_0'^{\frac{1}{4}} \quad \text{für} \quad \sigma_0' \geq 95.8 \text{ kN/m}^2$$
$$c_s = (11.36 - 5.35e)\sigma_0'^{\frac{1}{4}} \quad \text{für} \quad \sigma_0' < 95.8 \text{ kN/m}^2 \quad ,$$

worin e die Porenzahl des Sandes und $\sigma_0' = (\sigma_1' + \sigma_2' + \sigma_3')/3$ die effektive mittlere Spannung[13] ist.

Damit ist auch die Kompressionswellengeschwindigkeit bestimmt

$$c_p = \frac{c_s}{\sqrt{\frac{1-2\nu}{2-2\nu}}} \quad ,$$

---

[13]In der Bodendynamik und Bodenmechanik werden Druckspannungen üblicherweise als positiv definiert.

worin die Querdehnzahl ν aus dem Erdruhedruckbeiwert[14] K_0 berechnet werden soll:

$$\nu = \frac{K_0}{(1 + K_0)}$$

Der Schubmodul ist

$$G = c_s^2 \varrho \quad,$$

worin die Dichte ϱ aus der Korndichte des Sandes ϱ_s und der Porenzahl e berechnet werden kann: $\varrho = \varrho_s/(e + 1)$

Vertikale Fundamentschwingung: Für die vertikale Fundamentschwingung folgen nach WOLF (1994, S. 33, Tabelle 2-2 2-3A) für den Rüttler mit der Länge l und dem Durchmesser D die Bodenparameter:

$$k = \frac{G\frac{D}{2}}{1 - \nu}\left[3.1\left(\frac{l}{D}\right)^{0.75} + 1.6\right] \tag{2.16}$$

$$c = \varrho c_p D l \tag{2.17}$$

Diese Werte sind mit genügender Genauigkeit frequenzunabhängig.

Fundamentkippen: Für die kippende Bewegung ergeben sich laut WOLF (1994, S. 69) frequenzabhängige Bodenparameter:

$$k_\vartheta = K_\vartheta^{stat}\left(1 - \frac{1}{3}\frac{b_0^2}{1 + b_0^2}\right)$$

$$c_\vartheta = \frac{K_\vartheta^{stat}}{3}\frac{b_0^2}{1 + b_0^2}$$

Darin ist $b_0 = z_0\Omega/v_p$, $z_0 = 9/32\,r_0\pi(1 - \nu)\,(v_p/v_s)^2$ und $r_0 = \sqrt[4]{4I_S/\pi}$. Die statische Steifigkeit des elastischen Halbraumes ist nach GAZETAS (1991) für den Rüttler

$$K_\vartheta^{stat} = \frac{GI_S^{0.75}}{1 - \nu}\left(\frac{l}{D}\right)^{0.25}\left[2.4 + 0.5\frac{D}{l}\right] \quad.$$

Das Flächenmoment I_S des Rüttlers mit der Länge l und der Breite D um die Schwerachse (in Richtung der Breite) ist $I_S = Dl^3/12 + Dl\,(z_S - l/2)^2$.

---

[14]Der Erdruhedruckbeiwert kann mit dem Reibungswinkel φ des Bodens abgeschätzt werden $K_0 \approx 1 - \sin\varphi$.

Horizontale Pfahlschwingung: Für einen horizontal schwingenden Pfahl geben MAKRIS und GAZETAS (1993) folgende Formeln für die Bettungsmodule an:

$$k_x = 1.2 E_b$$

$$c_x = 2 \left(1 + \left(\frac{v_{La}}{v_s} \right)^{\frac{5}{4}} \right) a_0^{-\frac{1}{4}} \varrho v_s D$$

Darin ist $a_0 = \frac{\Omega D}{v_s}$, $v_{La} = \frac{3.4}{\pi (1 - \nu)} v_s$ und $E_b = 2 \frac{1 - \nu}{1 - 2\nu} G$ der Elastizitätsmodul bei behinderter Seitendehnung.

Die damit ermittelten Steifigkeiten $k = l k_x$ und $k_\vartheta = \frac{l^3}{12} c_x$ sind gegenüber den Steifigkeiten für das Fundament zu hoch[15]. Das liegt meiner Meinung nach daran, daß die von MAKRIS und GAZETAS (1993) betrachteten Pfähle lang und schlank sind, und deshalb als flexibel betrachtet werden. Der Bettungsmodul ist aber ein Systemkennwert und kein reiner Bodenkennwert. Er ist für den starren Rüttler sicher anders als für den schlaffen Pfahl.

Für die Dämpfung erhält man ebenfalls einen viel höheren Wert als bei der Fundamentlösung. Das liegt meiner Meinung nach daran, daß der Pfahl allseitig umschlossen betrachtet wird, und somit Wellen in den Vollraum aussendet, wodurch die Abstrahldämpfung höher ist als unter der Annahme eines einseitigen Kontaktes.

Berechnet man den Rüttler mit diesen Bettungsmodulen, erhält man unrealistisch kleine Amplituden im Boden. Es empfiehlt sich daher, die Bettungsmodule an der Fundamentlösung (Gleichungen 2.16 und 2.17) zu kalibrieren:

$$k_x = \frac{k}{l} \tag{2.18}$$

$$c_x = \frac{c}{l} \tag{2.19}$$

Große Verzerrungen

Für große Verzerrungen, das heißt für Scheramplituden von $\gamma > 10^{-5}$ ist der Schubmodul, als Sekantenmodul vom Ursprung zur maximalen Scherdehnung, wesentlich kleiner als der Tangentenmodul im Ursprung, welcher für kleine Verzerrungen im vorigen Abschnitt verwendet wurde. Man setzt an

$$G = \beta c_s^2 \varrho \quad,$$

wobei β in Abhängigkeit des Materials und der Scherdehnung zum Beispiel aus HAUPT (1986b, S. 242, Bild 7-10) entnommen werden kann. So ist zum Beispiel $\beta = 0.25$ für Sand und $\gamma = 10^{-3}$.

---

[15]Das heißt, die mit diesen Werten ermittelten Schwingungsamplituden wären unrealistisch klein.

Für die Größe der Materialdämpfung gibt es zahlreiche Abschätzformeln. Sie berücksichtigen bei Sanden im wesentlich die Scherdehnungsamplitude γ, das Spannungsniveau σ'_0, die Porenzahl e und die Anzahl der Zyklen n.

Die Dämpfung für Sand ist laut DAS (1983, p 290, figure 8.19) für kleine Verformungen ($\gamma = 10^{-6}$) im Mittel $D_m = 0.05$, und steigt für große Verformungen ($\gamma = 10^{-2}$) auf $D_m = 0.26$ an.

Wie groß ist ist nun die Scherdehnungsamplitude in unserem Problem? Dazu möchte ich folgende grobe Abschätzung treffen, um eine Größenordnung des Dämpfungsgrades und des Schubmodules zu erhalten.

In einem eindimensionalen halbunendlichen Stab, an dessen Ende eine Verschiebung $u = A\sin(\Omega t)$ eingeprägt wird, breitet sich eine Kompressionswelle

$$u = A\sin(\Omega t - kx)$$

aus. Die Wellenzahl ist $k = \Omega/v_p$. Die dabei entstehende Dehnung ist

$$\varepsilon = \frac{\partial u}{\partial x} = kA\sin(\Omega t - kx) \quad .$$

Von einem vertikal erregten Fundament an der Oberfläche eines Halbraumes breiten sich unter anderem Kompressions- und Scherwellen aus. Ihre Amplituden klingen sehr rasch mit $\frac{1}{r}$ ab. Direkt unter dem Fundament ist die Amplitude der Dehnungen aber noch nicht gedämpft,

$$\varepsilon = kA \quad . \tag{2.20}$$

Die Scherverformungen dürften in derselben Größenordnung liegen:

$$\gamma \approx \varepsilon$$

Einbinden in die vorigen Lösungen: In der Fundamentlösung kann die Materialdämpfung nach WOLF (1994)

$$c^{mat} = 2D_m\frac{k}{\Omega}$$

zur Abstrahldämpfung addiert werden.

Entsprechend kann für einen horizontal schwingenden Pfahl die Materialdämpfung nach MAKRIS und GAZETAS (1993)

$$c_x^{mat} = 2D_m\frac{k_x}{\Omega}$$

ebenso zur Abstrahldämpfung addiert werden.

Schlußfolgerung: Die Materialdämpfung erhöht die Gesamtdämpfung des Systems. Dadurch wird die Amplitude der Schwingung kleiner. Dies ist im folgenden Beispiel dargestellt.

Allerdings führt die Berücksichtigung der großen Verzerrungen zu einem iterativen Rechenprozeß. Es wird zuerst eine Dehnung angenommen. Mit den daraus resultierenden Bodenkennwerten wird die Bewegung des Rüttlers berechnet und die vorhandenen Dehnung nach Gleichung 2.20 abgeschätzt. Stimmen die angenommene und abgeschätzte Dehnung überein, kann abgebrochen werden.

2.6.4 Beispiel
Example

Als Beispiel betrachten wir nun den Rüttler V42 der Firma VIBROFLOTATION mit folgenden Daten:

Gewicht	Länge L	Durchm. D	Freq.	$F = m_u r \Omega^2$	J_Θ^S	z_S	z_F
2592 kg	2.99 m	38.4 cm	25 Hz	472 kN	1662 m^{2}kg	1.57 m	2.19 m

Er soll in einer Tiefe von 10 m in einem Sand mit $\gamma_s = 26$ kN/m^3 und einem Erdruhedruckbeiwert von $K_0 = 0.5$ rütteln.

Damit ergeben sich für das Pfahlmodell mit auf das Fundamentmodell kalibrierten Bodenkennwerten (Gleichungen 2.18 und 2.19) die in Abbildung 2.14 und 2.15 gezeigten Amplituden und Phasenwinkel für verschiedene Porenzahlen des umgebenden Bodens.

Die Größenordnung der Dehnungen wurde mit 10^{-3} abgeschätzt. Daraus ergab sich ein Dämpfungsmaß von $D = 0.16$ und eine Abnahme des Schubmodules auf 25% des Schubmodules für kleine Verzerrungen.

Interessant ist, daß die Amplitude mit wachsender Dichte des Boden sinkt, und sich der Phasenwinkel ebenfalls ändert! Damit sollte eine Messung dieser beiden Größen zumindest eine relative Verbesserung des Bodens erkennen lassen.

Messungen der Amplitude von POTEUR (1968a) ergaben in Sand für einen anderen Rüttler bei entsprechender Drehzahl ungefähr den halben Wert der Amplitude in Luft. Für den V42 ergibt sich die theoretische Amplitude in Luft zu 18 mm (berechnet nach Abschnitt 2.5.2). Die Amplitude des Rüttlers in lockerem Sand ist 7.5 mm (Abbildung 2.14). Damit sind die Berechnungsergebnisse realistisch.

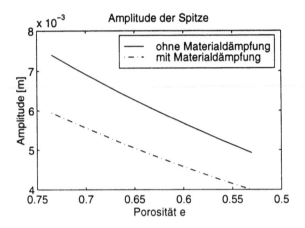

Abbildung 2.14: Amplitude eines V42 in Sand

Figure 2.14: Amplitude of the tip of a V42 vibrator operating in sand

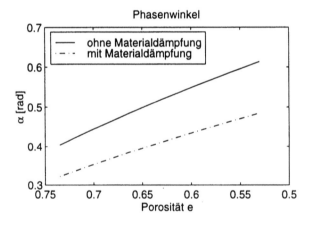

Abbildung 2.15: Phasenwinkel eines V42 in Sand

Figure 2.15: Phase angle of the leading eccentric mass of a V42 operating in sand

2.6.5 Vergleich der Fundament- mit der Pfahllösung
Comparison of results

Prinzipiell liefern Fundament- und Pfahllösung sehr ähnliche Ergebnisse und sind deshalb unter Berücksichtigung der Genauigkeit der Eingangswerte gleichwertig.

Die Pfahllösung erlaubt, zumindest in einer weiteren Vereinfachung, die Rückführung des Rüttlers im Boden auf einen Einmassenschwinger. Damit ist sie für weitere analytische Betrachtungen sehr gut geeignet. Werden die Bettungsmodule anhand der Fundamentlösung kalibriert (Gleichungen 2.18 und 2.19), ergibt die vereinfachte Pfahllösung fast die gleichen Amplituden wie die Fundamentlösung.

Die Fundamentlösung hat aber vielleicht den Vorteil, daß eine Rückrechnung auf die Lagerungsdichte besser funktioniert, weil sie vier Modellparameter hat, die von der Lagerungsdichte abhängen, im Gegensatz von nur zwei bei der Pfahllösung.

Allgemein sei angemerkt, daß ein Rückrechnen der Bodenparameter aus der Amplitude und der Phasenverschiebung sehr schwierig ist, da selbst bei kleiner Änderung der Amplitude die berechneten Bodenparameter stark schwanken. Das ist zwar für eine Abschätzung der Amplitude im Boden mit geschätzten Bodenparamtern ganz angenehm, weil sich ein Fehler in der Annahme der Bodenparameter nicht sehr stark bemerkbar macht, aber für die hier eigentlich zu lösende Frage ist dieser Umstand eben nicht sehr günstig.

2.7 Zweidimensionales Ersatzsystem
Two-dimensional model

Wird der Rüttler mit dem Pfahlmodell simuliert, ist er als Einmassenschwinger darstellbar. Wird er mit dem Fundamentmodell simuliert, können die Horizontal- und die Kippschwingung jeweils getrennt als Einmassensystem beschrieben werden.

In diesem Sinne soll nun ein Einmassensystem mit geeigneten Ersatzgrößen (je nach Modell) untersucht werden.

2.7.1 Bewegung
Motion

Der Rüttler bewegt sich in erster Näherung auf einer Kreisbahn um den Punkt 0. Wie in Abbildung 2.16 dargestellt, läuft die Unwucht m_u der Bewegung des Rüttlers m_r um den Winkel φ voraus. Ist der Rüttler in einem linear-elastischen Halbraum mit viskoser Dämpfung allseitig gebettet, kann ein Ersatzsystem laut Abbildung 2.16 (rechts) zur Berechnung verwendet werden.

Das die Bewegung beschreibende Differentialgleichungssystem wird stark vereinfacht und entkoppelt, wenn zur Berechnung der Trägheitskraft der Unwucht die Bewegung des Rüttlers vernachlässigt wird, die Unwucht m_u also eine Kreisbahn mit dem Radius r um den Punkt 0 ausführt. Eigentlich ist die Trägheitskraft der Unwucht, wie in Abbildung 2.17 dargestellt, mit dem Radius r' zu rechnen, und sie wirkt auch in die Richtung von r'. Mit der Näherung $r \approx r'$ wird die Trägheitskraft der Unwucht gleich $m_u r \Omega^2$ in Richtung von r. Dies ist bei der geringen Auslenkung A (3 bis 20 mm) im Verhältnis zum Radius der Unwucht r (7 bis 10 cm) gerechtfertigt.

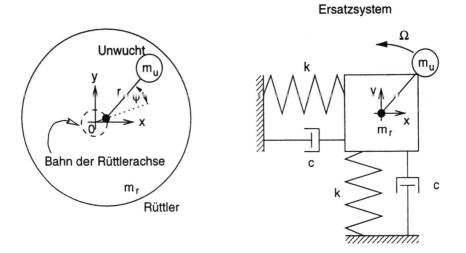

Abbildung 2.16: Bewegung des Rüttlers, Ersatzsystem

Figure 2.16: Motion of the vibrator, two-dimensional mechanical model

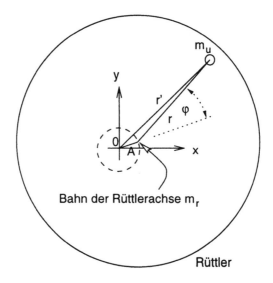

Abbildung 2.17: Näherung für die Trägheitskraft der Unwucht m_u

Figure 2.17: Approximation for the inertia force of the eccentric mass m_u

Mit dieser Vereinfachung erhalten wir ein entkoppeltes Differentialgleichungssystem:

$$m\ddot{x} + c\dot{x} + kx = m_u r \Omega^2 \cos \omega t$$
$$m\ddot{y} + c\dot{y} + ky = m_u r \Omega^2 \sin \omega t \quad ,$$

worin die Gesamtmasse $m = m_r + m_u$ ist.

Die Lösung dieser Gleichung ist

$$x(t) = A\sin(\Omega t + \alpha) \quad , \quad y(t) = -A\cos(\Omega t + \alpha)$$

mit der Amplitude

$$A = \frac{m_u r \Omega^2}{\sqrt{(k - m\Omega^2)^2 + c^2\Omega^2}}$$

und dem Phasenwinkel

$$\alpha = \arctan \frac{k - m\Omega^2}{c\Omega} \quad .$$

Die Unwucht läuft der Bewegung um den Winkel $\varphi = \frac{\pi}{2} - \alpha$ voraus. Ist keine Dämpfung vorhanden, also $c = 0$, und liegt die Erregerfrequenz Ω unterhalb der Eigenfrequenz des Systems $\omega = \sqrt{k/m}$, ist dieser Winkel $\varphi = 0$. Liegt die Erregerfrequenz über der Eigenfrequenz, ist $\varphi = \pi$.

Ist die Dämpfung $c > 0$, stellt sich φ bei Erregung unterhalb der Eigenfrequenz auf einen Wert zwischen 0 und $\frac{\pi}{2}$ ein. Bei Erregung in der Eigenfrequenz ist $\varphi = \frac{\pi}{2}$. Bei Erregung oberhalb der Eigenfrequenz liegt φ zwischen $\frac{\pi}{2}$ und π. Je größer die Dämpfung c ist, umso näher liegt φ bei $\frac{\pi}{2}$.

2.7.2 Bodenreaktionskraft
Soil reaction force

Ein wichtige Frage für die Verdichtungswirkung ist: Wie groß ist die in den Boden eingeleitete Kraft, bzw. Spannung? Aus dem zweidimensionalen System kann diese Kraft abgeschätzt werden. Sie wirkt in den Federn und Dämpfern des Modells.

Die Komponenten der Bodenreaktionskraft sind

$$F_{Bx} = kx + c\dot{x} \quad \text{und} \quad F_{By} = ky + c\dot{y} \quad ,$$

Das ergibt eine resultierende Kraft, die auf einer Wirkungslinie durch den Mittelpunkt des Rüttlers liegt. Ihre Komponenten sind

$$F_{Bx}(t) = F_B \sin(\Omega t + \alpha + \phi) \quad , \quad F_{By}(t) = -F_B \cos(\Omega t + \alpha + \phi)$$

mit der Amplitude

$$F_B = A\sqrt{k^2 + c^2\Omega^2}$$

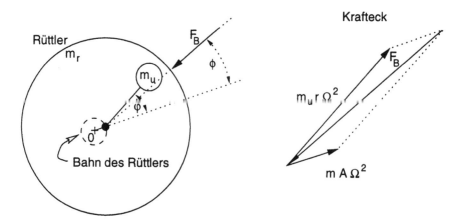

Abbildung 2.18: Bodenreaktionskraft auf den Rüttler im viskoelastischen Halbraum

Figure 2.18: Soil reaction force acting upon the vibrator in a viscoelastic half space

und dem Phasenwinkel

$$\phi = \arctan \frac{c\Omega}{k} \quad .$$

Abbildung 2.18 zeigt eine Momentanaufnahme eines in einem viskoelastischen Halbraum gebetteten Rüttlers. Die eingezeichneten Winkel der Unwucht und der Bodenreaktionskraft F_B zur jeweiligen Auslenkung des Rüttlers sind über die Zeit konstant. Man kann also das Bild mit einer Nadel im Momentanpol 0 festhalten und dann das Blatt mit Ω gegen den Uhrzeigersinn drehen und erhält dann den zeitlichen Verlauf der Bewegung.

Verteilung auf Rüttlerlänge: Die Verteilung dieser Kraft auf die Rüttlerlänge ist unbekannt. Unter Annahme eines homogenen Bodens über die Tiefe, kann aus dem Pfahlmodell eine näherungsweise dreicksförmige Verteilung gewählt werden (Abbildung 2.19).

Die verteilte Last hat an der Rüttlerspitze den Wert

$$f_B = 2\frac{F_B}{l} \quad .$$

Für eine bestimmte Bodenschicht in der Höhe z des Rüttlers kann damit die in die Bodenschicht eingeleitete Spannung abgeschätzt werden

$$\sigma = \frac{f_B \frac{z}{l}}{D} = F_B \frac{2z}{Dl^2} \quad ,$$

worin D der Durchmesser des Rüttlers ist.

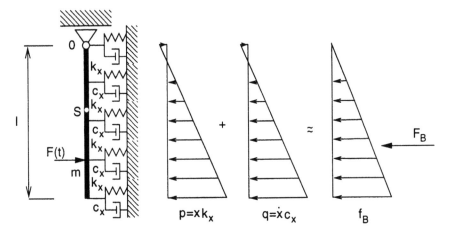

Abbildung 2.19: Verteilung der Bodenreaktionskraft auf den Rüttler im viskoelastischen Halbraum
Figure 2.19: Soil reaction force acting upon the vibrator in a viscoelastic half space, distribution according to the pile model

2.8 Motormoment und Leistung
Moment and power of the motor

Wir betrachten einen Schnitt durch den Rüttler in Höhe des Angriffspunktes z_F der Schlagkraft $F = m_u r \Omega^2$. Der Rüttler schwingt in dieser Höhe mit der Amplitude A_F. Die auf den Motor wirkenden Kräfte sind in Abbildung 2.20 dargestellt.

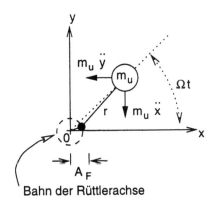

Abbildung 2.20: Motormoment
Figure 2.20: Moment of the motor

Das Moment um die Rüttlerachse ist mit der Näherung $A_F \ll r$

$$M = m_u \ddot{y}\, r \cos \Omega t - m_u \ddot{x}\, r \sin \Omega t \quad ,$$

und unter Verwendung der Lösungen der Bewegungsgleichung $x(t) = A_F \sin(\Omega t + \alpha)$ und $y(t) = -A_F \cos(\Omega t + \alpha)$ gleich

$$M = m_u r \Omega^2 A_F \cos\alpha = F A_F \cos\alpha \quad .$$

Dies ist das auf den Motor wirkende Moment. Die mechanische Leistung des Motors ist somit[16]

$$P = M\Omega = F A_F \Omega \cos\alpha \quad .$$

Die elektrische Leistung wird dann noch um die Verluste größer.

Sowohl das Moment als auch die Leistung sind (für konstantes k und c) keine Funktionen der Zeit, wie das bei einem nur in einer Richtung schwingenden Feder-Masse-System der Fall wäre (vgl. Anhang E). Damit liefern die elektrischen Eingangsgrößen (oder Öldruck und Fördermenge) direkt die Wirkleistung des Systems inklusive Reibungsverluste im Motor. Ein allfälliger Phasenwinkel zwischen Strom und Spannung resultiert nur aus den Motoreigenschaften und hat nichts mit dem Vorlaufwinkel der Unwucht zu tun. Das Messen der Stromstärke entspricht also einer indirekten Messung der mechanischen Wirkleistung.

2.9 Beispiel
Example

Als Beispiel betrachten wir wieder den Rüttler V42 unter gleichen Verhältnissen wie im vorigen Beispiel 2.6.4.

Die Ersatzbodenkennwerte für das zweidimensionale System wurden aus der Amplitude der Spitze für lockeren Boden ($e = 0.735$) rückgerechnet:

$$
\begin{aligned}
c &= F A \Omega \cos\alpha = 0.8904 \cdot 10^8 \text{ N/m} \\
k &= F A \sin\alpha + m\Omega^2 = 4.7941 \cdot 10^5 \text{ Ns/m}
\end{aligned}
$$

Die Amplitude in Höhe der Unwucht A_F wurde mit $A_F \approx A z_F / l$ abgeschätzt[17].

---

[16]Das ist übrigens genau die doppelte Leistung der in Anhang E ermittelten Wirkleistung für einen eindimensionalen Schwinger.

[17]Das bedeutet eine Annahme des Ruhepunktes in der Kupplung. Genau wäre der Wert $A_F = A\frac{z_F - z_0}{l - z_0}$. Da der Abstand des Ruhepunktes z_0 von der Kupplung klein im Verhältnis zur Länge ist, liefert diese Näherung für A_F nur geringfügig zu große Werte. Damit wird auch die Motorleistung ein wenig überschätzt.

Für verschiedene Betriebsfrequenzen ergeben sich die Werte für die Spitzenamplitude, Vorlaufwinkel der Unwucht, Bodenkraft , Vorlaufwinkel der Bodenkraft, Schlagkraft , Motormoment und Motorleistung in Abbildung 2.21. Die Frequenz ist dimensionslos mit $\eta = \Omega/\omega$ dargestellt. Für $\eta = 1$ wird das System also in der Eigenfrequenz erregt.

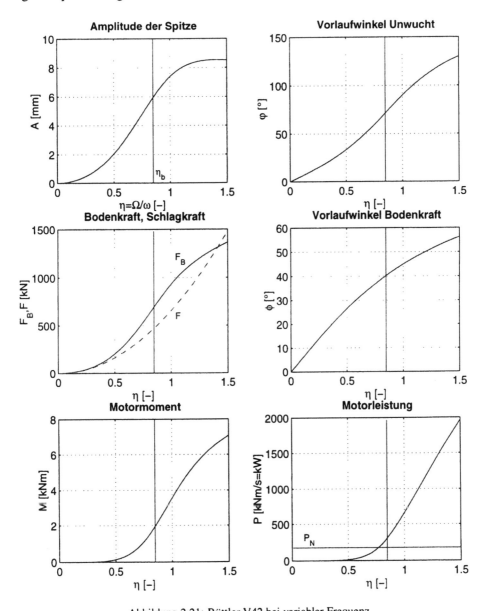

Abbildung 2.21: Rüttler V42 bei variabler Frequenz

Figure 2.21: Vibrator V42 with variable frequency (in loose sand, 10 m depth)

Die Schlagkraft wächst mit dem Quadrat der Erregerfrequenz. Die auf den Boden übertragbare Kraft F_B ist aber je nach Frequenz größer oder kleiner (ab $\Omega > \sqrt{2}\,\omega = \sqrt{2k/m}$) als die Schlagkraft. Für den hier betrachteten Rüttler ist die in den Boden eingeleitete Kraft bei Betriebsverhältnissen $\eta = \eta_b$ größer als die Schlagkraft.

Wird schneller gerüttelt, steigt die Leistungsaufnahme stärker als die übertragbare Kraft an. Unter der Annahme, daß mit mehr Kraft besser verdichtet werden kann, sollte zwar schneller gerüttelt werden, das bezahlt man aber mit einer überproportionalen Zunahme der Leistung, die jedoch durch die Nennleistung P_N mit einem gewissen Überlastungsspielraum begrenzt ist.

Je nach Bodenverhältnissen (z.B. bei etwas kleiner Dämpfung), kann ein Maximum der Bodenkraft bei einer gewissen Erregerfrequenz auftreten. Diese Erregerfrequenz liegt über der Eigenfrequenz. Wird noch schneller gerüttelt, fällt die Bodenkraft wieder und steigt bei noch höheren Frequenzen wieder an. Dieses Maximum ist aber nach meinen Berechnungen immer mit einer viel zu großen Leistungsaufnahme verbunden. Damit ist ein „Optimum" – maximale eingeleitete Kraft – durch die maximale Leistung des Motors begrenzt.

Die Leistungsaufnahme bei der Betriebsfrequenz $f_b = 25$ Hz (η_b) ist in diesem Beispiel größer als die Nennleistung P_N. Nun zeigt aber der in diesem Rüttler verwendete Motor einen Schlupf, der umso größer wird, je höher die Belastung ist. Damit wird die wirkliche Betriebsfrequenz kleiner als die Nennfrequenz (25 Hz), und die im Betrieb aufgenommene Leistung kleiner als im Diagramm dargestellt, aber immer noch höher als die Nennleistung. Es wird sich ein Arbeitspunkt einstellen, der von der Leistungsfähigkeit des Motors bestimmt wird. Es kann bei entsprechenden Bodenverhältnissen eine tatsächliche Überlastung des Rüttlermotors auftreten[18]. Eine wichtige Forderung an Rüttlermotoren ist deshalb eine hohe Unempfindlichkeit gegen Überlastungen.

Die Größe des Vorlaufwinkels der Unwucht stimmt gut mit Werten von POTEUR (1968b, S. 49) überein, der für Sande Vorlaufwinkel von $\varphi = 72\ldots90°$ gemessen hat. Ebenso ist zu erkennen, daß für Erregung in Eigenfrequenz $\varphi = 90°$ ist[19]. Somit kann dieser Betriebszustand eindeutig festgestellt werden.

2.10 Erkennen von Nichtlinearitäten des Bodens
Detection of soil nonlinearities

Sind Nichtlinearitäten des Bodens in der stationären Drehbewegung des Rüttlers zu erkennen? Könnte man durch Oberwellenanalyse ähnlich zur *Flächendeckenden*

---

[18]Dies ist in der Praxis auch regelmäßig der Fall.

[19]Und das unabhängig von den Bodeneigenschaften! Dies ist zwar hier nicht zu erkennen, wurde aber vorher theoretisch gezeigt.

Verdichtungskontrolle (FDVK, GRABE (1992)) die aktuelle Verdichtung erkennen? Nachdem Herr BAUER[20] dies bezweifelt hat, möchte ich zu diesen Fragen ein qualitatives Beispiel betrachten. Wir verändern das uns bereits gut bekannte System des mathematischen Pendels, wie in Abbildung 2.22a dargestellt. In einer gewissen Höhe ist ein Kreisring angebracht, der ab einer gewissen Auslenkung den Faden knickt und somit die Pendellänge verkürzt.

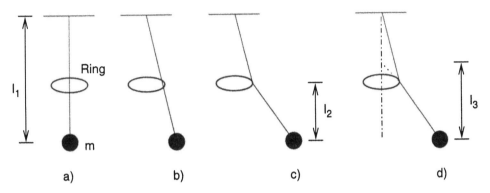

Abbildung 2.22: Nichtlineares Pendel

Figure 2.22: Non-linear pendulum

Für eine ebene Schwingung bedeutet das eine Verkürzung der Pendellänge während des Ausschwingens. Das ist gleichbedeutend mit einer Erhöhung der Federsteifigkeit[21] in einem entsprechenden Masse-Feder-System. Bis zum Kontaktzeitpunkt schwingt das Pendel mit den Eigenschaften eines Pendels der Länge l_1 und der Masse m (Abbildung 2.22b). Berührt der Faden den Ring, beginnt sozusagen eine neue Schwingung mit den Eigenschaften eines neuen Pendels mit der Länge l_2 und den Anfangsbedingungen für Geschwindigkeit und Ort vom vorigen System (Abbildung 2.22c). In diesem Fall werden die zeitlichen Verläufe des Ortes, der Geschwindigkeit und der Beschleunigung hintereinandergereihte Sinusfunktionen mit verschiedenen Frequenzen sein. Hier treten also auch Oberwellen auf.

Lassen wir dasselbe System aber stationär rotieren, haben wir entweder ein Pendel mit der Länge l_1 oder ein Pendel mit einer verkürzten Länge l_3 (Abbildung 2.22d). Die Projektion der zeitliche Verläufe von Ort, Geschwindigkeit und Beschleunigung in eine vertikale Ebene sind aber in beiden Fällen reine Sinusfunktionen ohne Oberwellen. Lediglich den Übergang von einem System auf das andere, etwa bei Frequenzänderung der Erregung (und damit verbundenen Amplitudenänderung) wird man bemerken.

---

[20]Dr.-Ing. Sebastian Bauer, Manager, Equipment Design Department, Firma Bauer Spezialtiefbau GmbH

[21]Eine Feder mit höherer Federsteifigkeit für größere Auslenkung (Stauchung) beschreibt einen Boden unter ödometrischen Verhältnissen.

Folgerung: Um aus der Bewegung des Rüttlers auf die Nichtlinearität des Bodens zu schließen, muß ein nicht stationärer Fall erzeugt werden. Dazu kann im einfachsten Fall die Frequenz verstellt werden. Damit ändert sich auch die Schlagkraft und die Amplitude. Aber solche transienten Vorgänge zu analysieren, ist ungleich schwieriger als der quasi stationäre[22] Zustand der Rüttelung mit konstanter Frequenz.

Ein Beschleunigungssignal mit hohem Oberwellenanteil könnte auf ein beginnendes Freischlagen des Rüttlers schließen lassen[23]. Dem könnte dann unter Umständen durch mehr Spülwasser entgegen gewirkt werden.

2.11   Zusammenfassung
Summary

Die in den vorigen Abschnitten vorgestellten Näherungsberechnungen liefern recht realistische Werte für den Betrieb von Tiefenrüttlern. Sie können demnach zur Vordimensionierung neuer Rüttler oder zur Auswahl eines geeigneten Rüttlers für einen bestimmten Boden verwendet werden.

Weiters zeigen einfache Überlegungen, daß es sinnvoll wäre, die Amplituden der Spitze und der Schulter, sowie den Vorlaufwinkel der Unwucht zu messen, um die Bewegung „vollständig" zu beschreiben, und eventuell Rückschlüsse auf den Zustand des umgebenden Bodens zu erhalten.

Eine Frequenzanalyse von Beschleunigungssignalen, wie in der *Flächendeckenden Verdichtungskontrolle* bei Vibrationswalzen (GRABE, 1992) bringt leider wegen der rotationssymmetrischen Bewegung keine Aussage über die Nichtlinearität des Bodens. Wir können mit einer Frequenzanalyse aber eine unregelmäßige Bewegung feststellen, die dann wahrscheinlich ein Freischlagen des Rüttlers bedeutet.

———————

Summary: The approximate analysis presented in the previous sections gives quite realistic values for the operation of deep vibrators. It can thus be used for the design of vibrators or for the selection of the suitable vibrator for a given soil.

It is shown, that it is advisable to measure the amplitudes of the vibrator tip and its shoulder (below the hinge) as well as the phase angle of the leading eccentric

---

[22]Ich spreche hier von quasi stationär, weil sich durch die Dichteänderung des umgebenden Materials auch die Steifigkeit und somit die Amplitude ändert. Aber diese Änderung ist langsam im Vergleich zur Periodendauer der Erregung.

[23]Das ist ja dann keine Kreisbewegung mehr.

mass in order to completely describe the motion. With this description it should be possible to draw conclusions on the density of the surrounding soil.

Unfortunately a frequency analysis of acceleration, like in the surface covering compaction control with vibrating rollers (GRABE, 1992), gives no information about the non-linearity of the soil, because of the rotationally symmetric motion of the vibrator. So it cannot be used as on-line compaction control. With this frequency analysis, however, we can detect an irregular motion, which is probably due to loss of permanent contact between soil and vibrator, and which indicates insufficient compaction.

Kapitel 3

Die Sandquelle - Statische Analysen rund um die Rütteldruckverdichtung
Static analysis of the deep vibration compaction

Static analysis of the deep vibration compaction: In this chapter the complicated dynamic processes during vibration are neglected, in order to attain a first understanding of the deep vibration compaction. The change of density around an expanding cylindrical cavity is analysed. The expansion is simulated first with monotonic displacement of the cavity boundary and then with cyclic internal pressure. All computations are done with finite elements. The soil is described by a hypoplastic constitutive law.

Obwohl die Welt um uns herum nur aus dynamischen Prozessen besteht, fällt es uns BauingenieurInnen leichter, mit statischen Modellen zu arbeiten. Wir „übersehen" nun die komplizierten dynamischen Vorgänge während des Rüttelns, um ein erstes Verständnis der Verdichtung zu erlangen.

3.1 „Sandquelle"
Sand source

Die Idee der „Sandquelle" wurde aus dem Bestreben, die maßgebenden Effekte der Verdichtung quasistatisch zu beschreiben, geboren. Zwei Erfahrungen, eine aus dem Labor und eine aus der Praxis, bestärkten diese Idee:

- qualitativer Laborversuch mit Betonrüttler

- Menge des Verfüllmaterials in der Praxis

3.1.1 Qualitativer Laborversuch
Qualitative experiment

In dem bereits in Abschnitt 1.8.2 erwähnten Laborversuch mit einem Betonrüttler in Sand zeigte sich ein Sandstrom von der Oberfläche am Rüttler entlang nach unten (siehe Abbildung 1.12, Seite 21). Dieser Sandstrom transportiert Material von der Oberfläche in die Tiefe. Dort wird es gegen den nicht strömenden Boden gestopft. Wir unterstellen nun der Rütteldruckverdichtung, daß sie die Verdichtung nur durch die seitliche Aufweitung des Hohlraumes durch den Materialstrom von oben erzielt.

Vielleicht kann sich der Strom aber nur ausbilden, weil das Material verdrängt wird. Was war zuerst – die Henne oder das Ei? Wir nehmen hier an, daß die Henne zuerst war [1].

3.1.2 Verfüllmaterialmenge
Amount of backfill

Die Menge des zugegebenen Verfüllmaterials liegt nach Abschnitt 1.6 (Seite 12) zwischen 10 und 15% des Volumens des zu verdichtenden Bodens. Wir wollen nun die so entstandenen Säulen aus verfülltem Material für einen konkreten Fall betrachten.

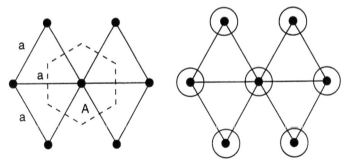

Einem Rüttler zugeordnete   Säulen aus Zugabematerial
Fläche A

Abbildung 3.1: Rütteldruckverdichtung im Dreiecksraster

Figure 3.1: Deep vibration compaction with triangular pattern

---

[1]In der Physik ist diese Frage oft sinnlos. Zum Beispiel ist es sinnlos, sich zu fragen: „Was war zunächst, die Kraft oder die Beschleunigung?".

In Abbildung 3.1 ist das gewählte Dreiecksraster mit Abständen $a = 2.5$ m dargestellt. Die jedem einzelnen Rüttler zugeordnete Fläche A ist

$$A = \frac{\sqrt{3}}{2}a^2 = 5.41 \text{ m}^2 \quad .$$

Eine Materialzugabe von 15% entspricht $5.41 \cdot 0.15 = 0.81$ m^3/stgm. Das ergibt
einen Durchmesser der Säulen aus Zugabematerial von $D = \sqrt{4A/\pi} = 1.0$ m.

Aus Abbildung 3.1 ist ersichtlich, daß relativ viel Material zugegeben wird. Hier
kann man versuchen der Rütteldruckverdichtung zu unterstellen, sie erziele ihre Verdichtung nur durch Verdrängen des ursprünglichen Bodens.

3.1.3 Betrachtetes Problem
Problem specification

Nachdem wir der Rütteldruckverdichtung hier unterstellen, daß sie ihre Verdichtung
nur durch das Stopfen des Verfüllmaterials erzielt, betrachten wir nun eine Vergrö-
ßerung des Loches um einen Rüttler in 10 m Tiefe. Das anfängliche Loch mit dem
Radius des Rüttlers wird auf den Durchmesser der Verfüllmaterialsäulen aufgeweitet. Die dabei entstehende Verdichtung des verdrängten Bodens wird berechnet.

Die Aufweitung geschieht zunächst monoton mit einer vorgeschriebenen Verschiebung des Lochrandes. Dies entspricht dem Pressiometerproblem (Bohrlochaufwei-
tung).

In einer weiteren Berechnung bringen wir einen zyklisch an- und abschwellenden
Innendruck im Loch an. Die Berechnung wird abgebrochen, wenn das Loch auf den
Durchmesser der Säulen aufgeweitet ist.

Diese Anfangsrandwertprobleme werden mit der Methode der Finiten Elemente gelöst.

3.2   Finite-Elemente-Berechnung
Finite element analysis

3.2.1   Monotone Belastung
Monotonic loading

FE-Netz: Es wurde der Tiefenrüttler V23 der Firma VIBROFLOTATION simuliert.

Gewicht	Länge L	Durchmesser D	Frequenz	Schlagkraft $F_0 = mr\Omega^2$
2200 kg	3.57 m	35 cm	1800 U/min	300 kN

Die Mitte des Rüttlers ist 10 m tief im Boden versenkt.

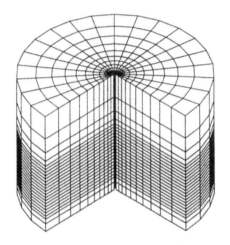

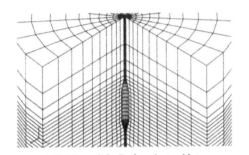

Abbildung 3.3: Deformiertes Netz

Figure 3.3: Deformed finite element mesh

Abbildung 3.2: Netz der FE-Berechnung

Figure 3.2: Finite element mesh

In Abbildung 3.2 ist das für die Berechnung verwendete Netz dargestellt. Die Abmessungen des zylindrischen Halbraumausschnittes wurden so gewählt, daß durch die Lochaufweitung keine Änderung der Spannungen an den festgehaltenen Rändern auftrat (Lochdurchmesser 0.35 m, Durchmesser des gesamten Zylinders 22 m, Höhe 15 m).

Randbedingungen: Der untere Rand des Zylinders ist in vertikaler Richtung, der Seitenrand in horizontaler Richtung festgehalten. Der Lochrand wird über die Länge des Rüttlers mit einer erzwungenen Radialverschiebung von 0.325 m beaufschlagt. Dadurch wird das Loch auf einen Radius von $0.175 + 0.325 = 0.5$ m ausgedehnt. Punkte in der Symmetrieachse des Zylinders sind aus Symmetriegründen in horizontaler Richtung unverschiebbar. Näherungsweise wurde diese Unverschiebbarkeit auch für den Lochrand ober- und unterhalb des Rüttlers angenommen, die ja nicht genau auf der Symmetrieachse liegen.

Abbildung 3.3 zeigt das Netz nach der Aufweitung des Loches im Bereich einer Rüttlerlänge.

Anfangsbedingung: Als Anfangsbedingung wurde ein geostatischer Spannungs-zustand mit der Vertikalspannung $\sigma_z = \gamma h$ und der Horizontalspannung $\sigma_h = K_0 \sigma_z$ vorgegeben. Der Erdruhedruckbeiwert wurde mit $K_0 = 0.5$ gewählt. Die Wichte γ ergibt sich aus der Kornwichte für Sand $\gamma_s = 26$ kN/m^3 und der Porenzahl e, zu $\gamma = \gamma_s/(e_0 + 1)$.

Stoffgesetz: Der Boden wurde mit dem hypoplastischen Stoffgesetz in der Version VON WOLFFERSDORFF (1996) beschrieben (siehe Anhang A). Das notwendige Un-terprogramm für die Implementierung des Stoffgesetzes in das Finite Elemente (FE) Programm
ABAQUS wurde von RODDEMAN (1997) geschrieben. Als Boden wurde Karlsru-her Sand mit den Werten nach HERLE (1997, S 54) betrachtet:

φ_c [°]	h_s [MPa]	n	e_{d0}	e_{c0}	e_{i0}	α	β
30	5800	0.28	0.53	0.84	1.00	0.13	1.05

Dichtebereich für die Anwendung: Die Ausgangslagerungsdichte des Materials wurde zu $I_n = 0.3$ angenommen. Eine ausreichende Verdichtung wäre für $I_n = 0.65$ gegeben (FG STRASSENWESEN, 1979).

Der maximale und minimale Porenanteil ist

$$n_{max} = \frac{e_{max}}{1 + e_{max}} = \frac{e_{c0}}{1 + e_{c0}} = 0.457$$
$$n_{min} = \frac{e_{min}}{1 + e_{min}} = \frac{e_{d0}}{1 + e_{d0}} = 0.346 \quad .$$

Damit erhalten wir für die Ausgangslagerungsdichte $I_n = 0.3$ einen Anfangsporen-anteil und eine Anfangsporenzahl

$$n_0 = n_{max} - I_n(n_{max} - n_{min}) = 0.424 \quad , \quad e_0 = \frac{n_0}{1 - n_0} = 0.735 \quad .$$

Der Boden erreicht den Wert $I_n = 0.65$ bei einem Porenanteil und einer Porenzahl von

$$n = n_{max} - I_n(n_{max} - n_{min}) = 0.385 \quad , \quad e = \frac{n}{1 - n} = 0.626 \quad .$$

Ergebnis der monotonen Aufweitung: Das Ergebnis der Berechnung war ziemlich überraschend. Wird der Boden mit der Lagerungsdichte $I_e = 0.3$ angenommen, treten am Lochrand Auflockerungen auf. Der Verlauf der Porenzahl über die Lochrandverschiebung ist in Abbildung 3.4 dargestellt. Bei kleinen Verformungen wird der Boden in der Nähe des Loches verdichtet, werden die Verformungen aber größer, wird der Boden in Lochnähe wieder aufgelockert.

Als Vergleich wurde die Lochaufweitung in einem Boden in der lockersten Lagerung berechnet. Hier sinkt die Porenzahl monoton mit der Verformung. Beide Kurven scheinen auf einen (denselben ?) Grenzwert hinzulaufen (critical state ?)[2].

Der Anstieg des Innendruckes im Loch in Abhängigkeit der Lochverschiebung ist ebenfalls in Abbildung 3.4 dargestellt. Die erreichte Verdichtung in der Umgebung des Loches ist in Abbildung 3.5 zu sehen.

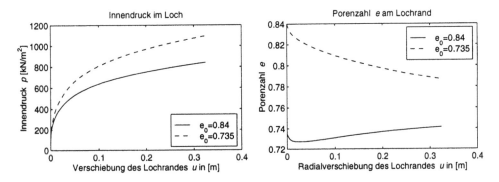

Abbildung 3.4: Änderung der Porenzahl am Lochrand und Innendruck im Loch während der Radialverschiebung des Lochrandes

Figure 3.4: Change of void ratio and pressure at the boundary of the cylindrical cavity during a monotonic increase of the cavity radius

Es ist auf jeden Fall ersichtlich, daß durch monotones Aufweiten des Loches die gewünschte Verdichtung ($e \leq 0.626$) nicht erreicht wird.

Als weitere Bilder zur Beurteilung der Verhältnisse sind die Radial- und Tangentialspannung, sowie die Tangentialdehnung über die Radialdehnung am Lochrand in Abbildung 3.6 dargestellt.

Einfluß bereits verdichteter Punkte: Bewirken bereits erstellte Verdichtungspunkte in der Umgebung, daß die monotone Aufweitung realistische Werte liefert?

Wir nehmen als Grenzfall an, daß die bereits erstellten Säulen aus Verfüllmaterial und der in der Umgebung bereits verdichtete Boden undeformierbar sind. Zu diesem

---

[2]Im Rahmen dieser Arbeit wurde nicht so weit gerechnet.

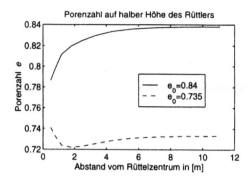

Abbildung 3.5: Porenzahl in einer Schnittebene in halber Höhe des Rüttlers

Figure 3.5: Void ratio in a horizontal slice at the middle of the vibrator

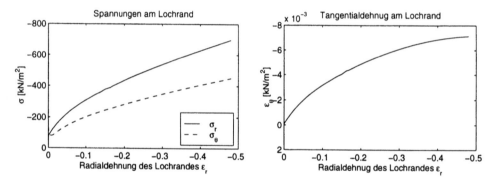

Abbildung 3.6: Spannungen und Verformungen am Lochrand

Figure 3.6: Stresses and strains at the boundary of the cylindrical cavity

Zweck wird im Modell der Radius des Bodenzylinder auf 2.43 m verkleinert und dessen Seitenrand in horizontaler Richtung festgehalten. Aber auch das brachte nicht den gewünschten Erfolg (siehe Abbildung 3.7).

Zusammenfassung: Eine monotone Aufweitung des Loches kann die in der Praxis auftretenden Verdichtungen nicht erklären (was auch zu erwarten war). Die Ursache der Verdichtung muß in zyklischen Effekten liegen.

Die hier durchgeführten Berechnungen lassen sich auch auf die Abschätzung des seitlichen Einflußbereiches von Rammpfählen anwenden. Dazu ist bereits eine weiterführende Arbeit geplant.

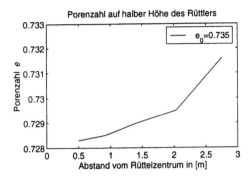

Abbildung 3.7: Porenzahl in einer Schnittebene in halber Höhe des Rüttlers, bei unverschieblichem Rand des Zylinders ($r = 2.43$ m)

Figure 3.7: Void ratio in a horizontal slice at middle of the vibrator, with confined boundary ($r = 2.43$ m)

3.2.2 Zyklische, quasistatische Belastung
Cyclic quasi-static loading

Modell: Es hat sich in der dreidimensionalen Berechnung gezeigt, daß außer lokal am Kopf und Fuß des Rüttlers nur sehr geringe Verformungen in vertikaler Richtung auftreten[3] ($\varepsilon_z < 10^{-3}$). Diese können in erster Näherung vernachlässigt werden.

In weiterer Folge wurde das Problem nur noch an einer Zylinderscheibe mit einer Höhe $h = 0.35$ m und einem Radius von $R = 12$ m berechnet. Der obere und untere Rand sind in vertikaler Richtung, der Außenrand ist in horizontaler Richtung festgehalten. Am Lochrand wird ein Innendruck aufgebracht.

Als Boden wurde wieder sehr lockerer Sand mit $e = 0.735$ und $\gamma_s = 26$ kN/m^3 angenommen. Das ergibt eine Dichte $\varrho = \varrho_s/(e+1) = 1528$ kg/m^3 ($\varrho_s = \gamma_s/g$). In der Tiefe des Rüttlers $T = 10$ m ergeben sich damit, bei einem angenommenen Erdruckbeiwert $K_0 = 0.5$, die Spannungen

$$\sigma_z = T\frac{\gamma_s}{1+e} = -149.8 \text{ kN/m}^2 \quad \text{und} \quad \sigma_h = K_0\sigma_z = -74.9 \text{ kN/m}^2 \quad .$$

Diese Spannungen wirken als Ausgangsspannungszustand an der Zylinderscheibe.

Kraft auf Lochwand: Die wirkliche Größe der vom Rüttler auf den Boden wirkende Kraft zu erraten, ist ein Problem. Durch die Dynamik können je nach Lage

---

[3]Der auf der Baustelle entstehende Trichter an der Oberfläche ist die Folge des Konvektionstromes, der sich um den Rüttler und die Aufsatzrohre herum ausbildet. Das ist im diesem Berechnungsmodell nicht berücksichtigt. Es wird „näherungsweise" angenommen, daß dieser Strom nur aus dem Zugabematerial besteht, und der Radius dieser strömenden „verflüssigten" Zone kleiner als der Radius des aufgeweiteten Loches ist. Das von oben nachströmende Material füllt somit den Platz zwischen Rüttler und ausgedehntem Loch aus.

der Erregerfrequenz zur Eigenfrequenz des Rüttler-Boden-Systems entweder kleinere oder größere Kräfte als die Schlagkraft des Rüttlers $mr\Omega^2$ wirken (vergleiche den allgemeinen Begriff der Vergrößerungsfunktion und Abbildung 2.20 zu Beispiel 2.9 auf Seite 59). Die Gleichungen hierfür wurden in Abschnitt 2.7 abgeleitet.

Nehmen wir hier an, die dynamische Überhöhung ist vernachlässigbar, da sie sowieso nur sehr ungenau vorherzusagen ist.

Umwandlung in Lochinnendruck: Für das hier betrachtete axialsymmetrische Problem muß die punktuelle Kraft in einen axialsymmetrischen Druck „umgewandelt" werden. Dies wurde folgendermaßen unternommen:

Wir stellen uns vereinfachend vor, daß der Rüttler die Fliehkraft auf seine Länge verteilt. Das ergibt eine Linienlast von

$$f = \frac{F}{L} = \frac{300}{3.57} = 84 \text{ kN/m} \quad .$$

Diese verteilte Linienlast rotiert jetzt mit 1800 Umdrehungen pro Minute im Loch. Im Rahmen der hier vorgenommenen vereinfachten Betrachtungen eines axialsymmetrischen Problems ersetzen wir die rotierende Linienlast durch einen pulsierenden Druck, der auf den Lochrand wirkt:

$$p = 84 \text{ kN/m}^2$$

Ergebnisse: Die Berechnung zeigt für ein einmaliges Be-, Ent- und Wiederbelasten mit $p = 84$ kN/m^2 den Spannungs-Verschiebungs-Verlauf in Abbildung 3.9. Als Vergleich ist die Reaktion eines horizontalen Bodenprismas mit dem Querschnitt 0.35×0.35 m und der Länge 12 m bei ödometrischen Randbedingungen eingetragen (Abbildung 3.8).

Beide Kurven lassen vermuten, daß in der hier gewählten Stoffgesetzversion die Steifigkeit für das Wiederbelasten zu klein ist, denn zumindest für die ödometrische Belastung müßte die Wiederbelastung so verlaufen, daß sie den Entlastungspunkt ungefähr trifft. Ist das der berühmt berüchtigte „ratcheting effect"? Um dies zu testen, wurden 40 Zyklen gerechnet.

In Abbildung 3.10 ist das Ergebnis dargestellt. Die Randverschiebung erreicht keinen Grenzwert; im Gegenteil, der Verformungszuwachs pro Zyklus wird mit jedem Zyklus größer.

Die Endverformung beträgt 0.359 m. Das entspricht einem Loch von 0.534 m. Das ist ungefähr wie vorher für die monotone Verformung.

Erstaunlicherweise schaut der Porenzahlverlauf in Abbildung 3.11 aber sehr realistisch aus. Im Gegensatz zum Ergebnis der monotonen Aufweitung (Abbildung 3.5)

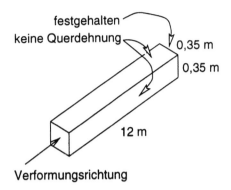

Abbildung 3.8: Vergleichsprisma mit ödometrischen Randbedingungen

Figure 3.8: Bar with oedometric (confined) boundary conditions

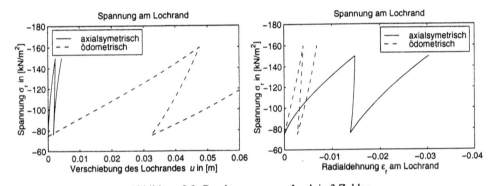

Abbildung 3.9: Randspannung am Loch in 3 Zyklen

Figure 3.9: Radial stress at the cavity boundary after three cycles of loading with internal pressure

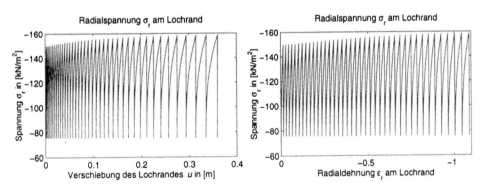

Abbildung 3.10: Randspannung am Loch

Figure 3.10: Radial stress at the cavity boundary during cyclic loading with internal pressure

tritt die Auflockerung nur mehr ganz nahe am Lochrand auf, und die Verdichtung erreicht die gewünschte Porenzahl $e \leq 0.63$ im Umkreis von ca. 1.0 m um das Zentrum der Rüttelung.

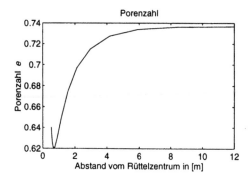

Abbildung 3.11: Verteilung der Porenzahl in der verformten Zylinderscheibe
Figure 3.11: Void ratio distribution in a horizontal slice (deformed mesh) after cyclic loading with internal pressure

Als Vergleich ist auch hier der Ödometerversuch an der Bodensäule, mit dem Querschnitt 0.35×0.35 m und der Länge 12 m, mit der gleichen zyklischen Belastung in Abbildung 3.12 eingetragen. Hier sieht man, daß der Verformungszuwachs pro Zyklus abnimmt.

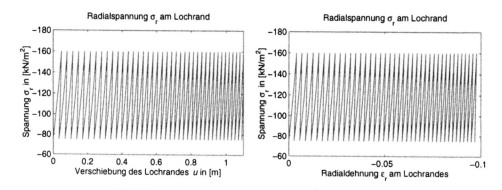

Abbildung 3.12: Randspannung am Loch, Ödometerversuch
Figure 3.12: Stress at the loaded end of a bar with oedometric (confined) boundaries during cyclic loading

3.3   Verdichtungsarbeit
Energy consumption

Die Verdichtungsarbeit ist die Arbeit des zyklischen Innendruckes p über die radiale Verschiebung u. Dazu betrachten wir die differentielle Resultierende des Innendruckes $df = p\,dA$. Die differentielle Fläche ist für eine Bodenschicht mit der Höhe h im aufgeweiteten Zustand $dA = h(r + u')\,d\varphi$, wie in Abbildung 3.13 dargestellt.

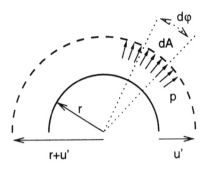

Abbildung 3.13: Innendruck an einem Sektor des verschobenen Lochrandes

Figure 3.13: Internal pressure at a sector of cylindrical cavity

Damit läßt sich die Arbeit des Innendruckes errechnen:

$$W = \int_0^u \int_0^{2\pi} p h(r + u')\, d\varphi\, du' = 2\pi h \int_0^u p(r + u')\, du'$$

Da die Randspannung σ_r am Lochrand gleich dem Innendruck ist, kann die Verdichtungsarbeit aus der Integration des Spannungs-Verformungs-Verlaufes über die 40 Zyklen ermittelt werden

$$W = 2\pi h \int_0^u \sigma_r (r + u')\, du' = -382 \text{ kNm oder kWs} \quad .$$

Ermittlung der Rütteldauer: Die Gesamtarbeit zum Rütteln beinhaltet die Verdichtungsarbeit W und die Abstrahlleistung P_A, jene Leistung die verloren geht, weil sich Wellen in den Raum ausbreiten:

$$W_{ges} = W + P_A t$$

Daraus läßt sich unter der Annahme, daß sich die Abstrahlleistung nicht wesentlich ändert[4], die Rütteldauer t ermitteln

$$W = W_{ges} - P_A t \approx \int_0^t P_{elektr}(t')\, dt' - P_A t \quad ,$$

wobei P_{elektr} die elektrische Wirkleistung des Motors im Betrieb ist. Die Abstrahlleistung P_A könnte z.B. durch einen Versuch, bei dem der Rüttler solange in der gleichen Höhe gelassen wird, bis sich an der Leistungsaufnahme nichts mehr ändert, gemessen werden. Der sich einstellende Wert der elektrischen Leistungsaufnahme müßte dann, da sich der Boden dann ja kaum mehr weiter verdichtet, die Abstrahlleistung P_A sein.

---

[4]Ist noch nicht geprüft!

Abschätzung für reale Leistungen: Der Rüttler V23 hat eine Nennleistung von
130 kW. Nehmen wir an, daß er die obige Verdichtung durch 30 Sekunden Rütteln
mit der Nennleistung bewirkt. Damit ist die anteilige Verdichtungsleistung ungefähr
$P = W/t = 382/30 = 12.7$ kW. Das sind lediglich 10 % der Nennleistung. Die
restlichen 90 % sind damit Abstrahlleistung[5].

Eine Idee zur Qualitätskontrolle ist auch das Messen der bei einem Rüttelpunkt auf-
gewendeten Arbeit. Die Vedichtungsleistung ist aber laut obiger Abschätzung nur
ein Bruchteil der Abstrahlleistung. Deshalb dürfte das Messen der Gesamtarbeit kein
Kriterium für die Verdichtung sein, denn der größte Anteil der gemessenen Arbeit
geht in die abgestrahlten Wellen, unabhängig von einer erfolgten Verdichtung.

Leistung für halbe Belastung mit doppelt soviel Zyklen: Versuchsweise wurde die Berechnung mit der halben Belastung (42 kN/m^2) und dafür mit doppelter
Zyklenanzahl durchgeführt. Die Arbeit, die dabei geleistet wird, beträgt $W = 267$
kW. Die erreichte Verdichtung ist im Vergleich mit der vorigen in Abbildung 3.14
dargestellt.

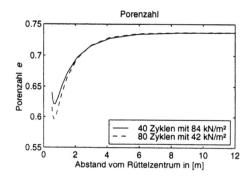

Abbildung 3.14: Verteilung der Porenzahl an der verformten Zylinderscheibe
*Figure 3.14: Void ratio distribution in a horizontal slice (deformed mesh) after cyclic loading with
internal pressure: 40 pressure cycles (á 84 kN/m^2) and 80 pressure cycles (á 42 kN/m^2)*

Theoretisch wird also mit kleinerer Kraft bei weniger Arbeit besser verdichtet, dafür
dauert es länger !

---

[5]Das deckt sich auch mit Angaben der BodendynamikerInnen, welche die Materialdämpfung für
kleine Verzerrungen überhaupt vernachlässigen, und sie für große Verzerrungen mit maximal 30 % der
Abstrahldämpfung angeben.

3.4 Zusammenfassung
Summary

Das zyklische quasistatische axialsymmetrische Be- und Entlasten des Lochrandes liefert in bezug auf die Ausbreitung der Verdichtung qualitativ Ergebnisse, die näher an der Realität liegen als die des monotonen Aufweitens. Aber ob mit dem hier verwendeten Stoffgesetz das zyklische Verhalten gut beschrieben wird, ist noch nicht hinreichend erwiesen, aber auch (noch) nicht widerlegt.

Eine qualitative Aussage ist sicher gegeben, wenn auch die errechnete Verdichtung zu schnell, das heißt in zu wenig Zyklen, abläuft.

Die hier durchgeführten Berechnungen bestätigen die bereits bekannten Probleme der älteren hypoplastischen Stoffgesetzversionen. In einer neuen Version, dem hypoplastischen Stoffgesetz mit intergranularen Dehnungen von NIEMUNIS und HERLE (1997), sollen diese zyklischen Schwächen behoben sein. Es ist geplant, die Berechnungen dieses Abschnittes mit diesem neuen Stoffgesetz zu wiederholen.[6]

Summary: Simulating the deep vibration compaction with cyclic quasi-static axially-symmetric loading of a cylindrical cavity gives results, which are more realistic than results with monotonic loading.

A qualitative prediction of the final density is given, even if the number of cycles was too low compared with reality.

The used constitutive model has still some deficiencies at cyclic loading. It is hoped that these deficiencies will be removed from a future version to be published soon.

---

[6]Dazu muß es aber erst in eine Benutzerroutine von ABAQUS (umat.f) implementiert werden. Um das wirklich gut zu machen, braucht es etwas Zeit ...

Kapitel 4

Anelastische Wellenausbreitung im eindimensionalen Kontinuum
Inelastic wave propagation in one-dimensional continuum

Inelastic wave propagation in one-dimensional continuum: The simplest model of the deep vibration compaction is a one-dimensional bar loaded at its left boundary by the stress $\sigma(t) = \sigma_0 \sin(\Omega t)$ as shown in figure 4.1.

In this chapter the problem of the one-dimensional non-linear inelastic wave propagation is examined with several simplifications. The equations of the linear wave propagation are assembled.

The one-dimensional wave propagation is studied first analytically with simple material laws and then numerically with more realistic material laws. The main questions are: How far does an inelastic wave penetrate into a continuum? Which are the permanent deformations? How is the density changed? How do all the just mentioned quantities depend on the material properties and the type of excitation?

Further a rough estimation of the compaction effect is derived.

Warum eindimensionale Überlegungen? Das einfachste Modell der Rütteldruckverdichtung ist ein eindimensionaler „Stab" mit einer Randspannung $\sigma(t) = \sigma_0 \sin(\Omega t)$ wie in Abbildung 4.1 dargestellt.

Hier soll in der größtmöglichen Vereinfachung das Problem der anelastischen und nichtlinearen Wellenausbreitung untersucht werden. Zuerst werden bekannte Zusammenhänge aus der linear-elastischen Wellenausbreitung aufgefrischt – dies auch, um den/die LeserIn an die hier verwendete Schreibweise zu gewöhnen.

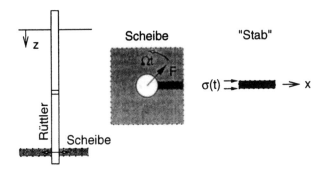

Abbildung 4.1: Modellbildung

Figure 4.1: Simplest model of a deep vibration compaction: the vibrator is considered as a periodic stress $\sigma(t)$ acting upon a semi-infinite bar

Die eindimensionale Wellenausbreitung wird zuerst analytisch mit einfachen Stoffgesetzen und dann numerisch mit realistischen Stoffgesetzen studiert. Als wesentliche Frage begleitet uns, wie weit eine anelastische Welle in das Kontinuum eindringt, welche bleibenden Verformungen, bzw. Dichteänderungen sie hinterläßt, und wie dies von wesentlichen Materialeigenschaften und der Art der Erregung abhängt.

Weiters wird eine erste grobe Abschätzung der Verdichtungswirkung vorgenommen.

4.1 Eindimensionale Wellengleichung
One-dimensional wave

Ich möchte hier nicht einfach eine fertige Formel für die Wellengleichung aus irgend einem Buch herausnehmen, weil sich die Gedanken in den Ableitungen in dem später verwendeten numerischen Verfahren widerspiegeln.

4.1.1 Herleitung der Wellengleichung
Derivation of the wave equation

> Man nehme 20 dag Impulserhaltung, 5 dag Massenerhaltung, rühre dies in einem Topf mit etwas Stoffgesetz und kleinen Verformungen gewürzt zusammen, und lasse das Ganze dann bei kleiner Flamme so lange kochen, bis die Unterschiede zwischen Lagrange- und Eulerkoordinaten verschwimmen ...

So oder so ähnlich kommen mir manche Herleitungen der Wellengleichung vor. Wenn fertige Formeln verwendet werden, ist oft nicht klar, in welchem Koordinatensystem und unter welchen Näherungen sie gelten. Dies spielt alles keine Rolle, solange mit linear-elastischen Stoffgesetzen und kleinen Verformungen gearbeitet wird. Da wir aber später nichtlineare anelastische Stoffgesetze einführen wollen, möchte ich hier etwas klarer definiert arbeiten.

Die Wellengleichung kann aus der Massenerhaltung und dem Impulssatz hergeleitet werden. Folgende Betrachtungen gelten für ein räumlich fixiertes Koordinatensystem, die sogenannten Eulerkoordinaten x (siehe auch Anhang B.2.1).

Eine Erklärung der Schreibweise für Differentiale ist in Anhang B.1 gegeben.

Der Fluß: Eine qualitative Darstellung

Da im folgenden öfters der Begriff *Fluß* auftaucht, möchte ich eine anschauliche Erklärung geben, was er bedeutet. Am einfachsten kann man sich einen Massenfluß vorstellen. Dazu betrachten wir die Abbildung 4.2 eines Rohres mit dem Einheitsquerschnitt[1] 1 m^2, durch das ein kompressibles Medium fließt.

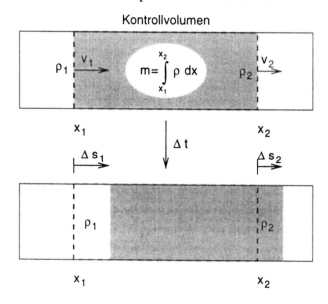

Abbildung 4.2: Massenfluß

Figure 4.2: Schematic representation to derive the equations for one-dimensional mass balance

Zur Zeit t (Abbildung 4.2 oben) befindet sich die Masse $m = \int_{x_1}^{x_2} \varrho dx$ im Kontrollvolumen zwischen den Koordinaten x_1 und x_2. Etwas später zur Zeit $t + \Delta t$ hat sich diese Masse aus dem Kontrollbereich verschoben (Abbildung 4.2 unten). An der linken Seite ist etwas Material mit der Dichte ϱ_1 bis zum Ort $x_1 + \Delta s_1$ nachgeflossen,

---

[1]Das Rohr hat aus Dimensionsgründen den Einheitsquerschnitt 1 m^2. So ein Rohr wird auch oft als 1-D Rohr bezeichnet.

wobei $\Delta s_1 = v_1 \Delta t$ ist. Damit errechnet sich die Masse des zugeströmten Materials $\Delta m_1 = \varrho_1 \Delta s_1 = \varrho_1 v_1 \Delta t$. Die pro Zeit einströmende Masse ist also

$$\frac{\Delta m_1}{\Delta t} = \varrho_1 v_1 \quad .$$

Das ist der sogenannte Massenzufluß. Dieselbe Überlegung gilt auch für den rechten Rand, und man erhält den Massenabfluß

$$\frac{\Delta m_2}{\Delta t} = \varrho_2 v_2 \quad .$$

Aus dieser Überlegung sieht man auch recht leicht, daß sich die zeitliche Massenänderung im Kontrollvolumen als Differenz von Massenzufluß und Massenabfluß darstellen läßt. Dies verwenden wir später.

Der Begriff *Fluß* läßt sich generalisieren. Im vorigen ist die Masse als zu erhaltenden Größe betrachtet worden. Der Massenfluß ist dann die Dichte mal der Geschwindigkeit, mit der sich die Teilchen bewegen. Leitet man eine Größe – hier die Masse m – nach dem Ort ab, erhält man die Dichte dieser Größe – hier die Dichte ϱ. Der Fluß ist die Dichte einer Größe multipliziert mit der Geschwindigkeit der Teilchen. So kann man sich auch den später verwendeten Impulsfluß vorstellen.

Massenerhaltung

Wie vorher betrachtet (Abbildung 4.2), läßt sich die zeitliche Änderung der Masse als Differenz der ein- und austretenden Massenflüsse darstellen (vgl. LE VEQUE, 1992, S 14 ff):

$$\frac{d}{dt} \int_{x_1}^{x_2} \varrho(x,t)dx = \varrho(x_1,t)v(x_1,t) - \varrho(x_2,t)v(x_2,t) \tag{4.1}$$

Integrieren wir diese Beziehung über die Zeit, so erhalten wir eine Beziehung für die Masse zwischen x_1 und x_2 zur Zeit $t_2 > t_1$ in Größen der Masse zur Zeit t_1 und den totalen (integrierten) Flüssen an jedem Rand während dieser Zeitperiode:

$$\int_{x_1}^{x_2} \varrho(x,t_2)dx = \int_{x_1}^{x_2} \varrho(x,t_1)dx + \int_{t_1}^{t_2} \varrho(x_1,t)v(x_1,t)dt - \int_{t_1}^{t_2} \varrho(x_2,t)v(x_2,t)dt \tag{4.2}$$

Um die differentielle Form der Massenerhaltung zu erhalten, müssen wir annehmen daß $\varrho(x,t)$ und $v(x,t)$ differenzierbare Funktionen sind. Dann erhalten wir durch

Einsetzen von

$$\varrho(x, t_2) - \varrho(x, t_1) = \int\limits_{t_1}^{t_2} \partial_2 \varrho(x, t) dt$$

und

$$\varrho(x_2, t) v(x_2, t) - \varrho(x_1, t) v(x_1, t) = \int\limits_{x_1}^{x_2} \partial_1 \Big(\varrho(x, t) v(x, t) \Big) dx$$

in (4.2) die Beziehung

$$\int\limits_{t_1}^{t_2} \int\limits_{x_1}^{x_2} \left\{ \partial_2 \varrho(x, t) + \partial_1 \Big(\varrho(x, t) v(x, t) \Big) \right\} dx dt = 0 \quad .$$

Da diese Gleichung für alle Abschnitte $[x_1, x_2]$ und Zeitintervalle $[t_1, t_2]$ gilt, folgt, daß der Integrand identisch Null ist, und wir erhalten die Massenerhaltung in differentieller Form:

$$\partial_2 \varrho(x, t) + \partial_1 \Big(\varrho v \Big)(x, t) = 0 \quad . \tag{4.3}$$

Impulssatz

Der Impulssatz kann analog zur Massenerhaltung hergeleitet werden (ROBERTS, 1994, S 49 ff). Oft wird auch von der Impulsbilanz[2] gesprochen.

Wir betrachten hier ein eindimensionales Kontinuum ohne zusätzliche Kräfte (Gravitation,
Randkräfte, ...) wie in Abbildung 4.3 schematisch dargestellt.

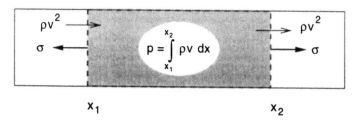

Abbildung 4.3: Zum Impulssatz

Figure 4.3: Schematic representation to derive the equations for one-dimensional momentum balance

---

[2]Manchmal wird auch nicht ganz korrekt von der Impulserhaltung gesprochen. Hier wird aber nichts erhalten!

Der Impuls in einem Gebiet x_1 bis x_2 ist das Integral über die Impulsdichte[3]

$$p = \int\limits_{x_1}^{x_2} \varrho(x,t)v(x,t)dx \quad .$$

Wie aus Abbildung 4.3 ersichtlich, ist die zeitliche Änderung des Impulses gleich der Differenz der ein- und austretenden Impulsflüsse und der Differenz der an den Rändern angreifenden Spannungen.

Damit ist die zeitliche Änderung des Impulses:

$$\frac{d}{dt}\int\limits_{x_1}^{x_2} \varrho(x,t)v(x,t)dx = \varrho(x_1,t)v^2(x_1,t) - \varrho(x_2,t)v^2(x_2,t) + \sigma(x_2,t) - \sigma(x_1,t)$$

Wie vorher erhalten wir durch Integrieren die differentielle Form

$$\partial_2\big(\varrho v\big)(x,t) + \partial_1\big(\varrho v^2 - \sigma\big)(x,t) = 0 \quad . \tag{4.4}$$

Allgemeine Form der Bilanzgleichungen

Wie wir festgestellt haben, sind die beiden Gleichungen für die Massenerhaltung und den Impulssatz von derselben Form. Wir führen den Vektor

$$\mathbf{q}(x,t) = \left[\begin{array}{c} \varrho(x,t) \\ \varrho(x,t)v(x,t) \end{array} \right]$$

ein (vgl. LE VEQUE, 1992, S 15). Mit der Funktion

$$\mathbf{f}(\mathbf{q}) = \left[\begin{array}{c} \varrho v \\ \varrho v^2 - \sigma \end{array} \right]$$

läßt sich die differentielle Form der Bilanzgleichungen[4] einfach schreiben

$$\partial_2\mathbf{q}(x,t) + \partial_1\mathbf{f}\big(\mathbf{q}(x,t)\big) = 0 \quad . \tag{4.5}$$

---

[3]Es ist vielleicht leichter, sich den Impuls in der bekannten Schreibweise für Starrkörper vorzustellen. Hier ist der Impuls $p = mv$. Ist die Masse über ein Volumen verteilt, und die Geschwindigkeit nicht konstant im Volumen, so muß integriert werden: $p = \int_m v(x,t)\,dm = \int_V v(x,t)\varrho(x,t)\,dV$.

[4]In der englischsprachigen mathematischen Literatur werden diese Gleichungen als *conservation laws* bezeichnet.

Die Integralform wird zu

$$\frac{d}{dt}\int_{x_1}^{x_2} \mathbf{q}(x,t)dx = \mathbf{f}\Big(\mathbf{q}(x_1,t)\Big) - \mathbf{f}\Big(\mathbf{q}(x_2,t)\Big)$$

für alle x_1, x_2, t_1 und t_2. Gleich wie vorher folgt durch Integrieren von t_1 bis t_2

$$\int_{x_1}^{x_2} \mathbf{q}(x,t_2)dx = \int_{x_1}^{x_2} \mathbf{q}(x,t_1)dx + \int_{t_1}^{t_2} \mathbf{f}\Big(\mathbf{q}(x_1,t)\Big)dt - \int_{t_1}^{t_2} \mathbf{f}\Big(\mathbf{q}(x_2,t)\Big)dt \quad (4.6)$$

Bemerkung: Die Form dieser Gleichung wird im folgenden numerischen Verfahren benützt. (Also nicht sofort wieder vergessen!)

Die Wellengleichung

Wir werten nun die Differentiale der Impulsbilanz (4.4) aus.

$$\partial_2\varrho(x,t) \cdot v(x,t) + \varrho(x,t) \cdot \partial_2 v(x,t)$$
$$+ \quad \partial_1\big(\varrho v\big)(x,t) \cdot v(x,t) + \varrho(x,t) \cdot v(x,t) \cdot \partial_1 v(x,t)$$
$$= \quad \partial_1\sigma(x,t) \quad .$$

Umgruppieren, benützen der Massenerhaltung (4.3) und der materiellen Zeitableitung der Geschwindigkeit, (B.7) führt auf

$$v(x,t) \cdot \underbrace{\Big[\partial_2\varrho(x,t) + \partial_1(\varrho v)(x,t)\Big]}_{=0} + \varrho(x,t) \cdot \underbrace{\Big[\partial_2 v(x,t) + v(x,t) \cdot \partial_1 v(x,t)\Big]}_{\dot{v}(x,t)}$$
$$= \partial_2\sigma(x,t) \quad .$$

Damit lautet die Wellengleichung in Eulerkoordinaten:

$$\dot{v}(x,t) = \frac{1}{\varrho(x,t)}\partial_1\sigma(x,t) \quad (4.7)$$

Linearisierung, kleine Verformungen

Wir betrachten nun kleine Geschwindigkeiten $\hat{v}(x,t)$ und kleine Änderungen der Dichte
$\varrho(x,t) = \varrho_*(x) + \hat{\varrho}(x,t)$. Die Größen $\hat{v}(x,t)$ und $\hat{\varrho}(x,t)$ sind klein im Sinne,

daß Produkte von kleinen Größen vernachlässigt werden (vgl. ROBERTS, 1994, S 54 f):

$$\varrho v = \varrho_\star \hat{v} + \hat{\varrho}\hat{v} \approx \varrho_\star \hat{v}$$
$$\varrho v^2 = \varrho_\star \hat{v}^2 + \hat{\varrho}\hat{v}^2 \approx 0$$

Damit folgt direkt aus der Impulsbilanz (4.4):

$$\partial_2\Big(\varrho_\star(x)\hat{v}(x,t) + \hat{\varrho}(x,t)\hat{v}(x,t)\Big) + \partial_1\Big(\varrho_\star(x)\hat{v}^2(x,t) + \hat{\varrho}(x,t)\hat{v}^2(x,t)\Big)$$
$$= \partial_1\sigma(x,t)$$

durch Vernachlässigen der Produkte kleiner Größen (und ohne Massenerhaltung)

$$\partial_2\hat{v}(x,t) = \frac{1}{\varrho_\star(x)}\partial_1\sigma(x,t) \tag{4.8}$$

Anmerkung: Dies können wir noch mit der in Anhang B.3 abgeleiteten Wellengleichung in Lagrangekoordinaten vergleichen:

$$\partial_2\dot{\chi}(X,t) = \frac{1}{\varrho_0(X)}\partial_1{}^IP(X,t)$$

Diese Gleichung hat die gleiche Form. Für den eindimensionalen Fall und kleinen Verformungen ($x \approx X$) ist die linearisierte Wellengleichung in Eulerkoordinaten gleich der Wellengleichung in Lagrangekoordinaten, denn die Spannung ${}^IP(X,t)$ ist $\sigma(\chi(X,t),t)$. Im zweidimensionalen Fall ist das nicht mehr so einfach!

4.1.2 Kompatibilitätsbedingung
Compatibility condition

Stoffgesetze beschreiben Spannungen in Abhängigkeit von Dehnungen, bzw. Spannungsraten in Abhängigkeit von Dehnungsraten. Um diese in eine Form überzuführen, die zu den Bilanzgleichungen paßt, benötigen wie die sogenannte *Kompatibilitätsbedingung*.

Die linearisierte Dehnung ist $\varepsilon(x,t) = \partial_1 u(x,t)$ (vgl. Anhang B.3.3)

Aus der Vertauschbarkeit der partiellen Ableitungen ∂_1 und ∂_2 folgt die sogenannte Kompatibilitätsbedingung

$$\partial_2\varepsilon(x,t) = \partial_2\Big(\partial_1 u(x,t)\Big) = \partial_1\Big(\partial_2 u(x,t)\Big) = \partial_1 v(x,t) \tag{4.9}$$

4.2 Elastisches Stoffgesetz
Elastic wave

Hier soll „Bekanntes" aufgefrischt werden und in jener Schreibweise, die in der folgenden numerischen Lösung verwendet wird, dargestellt werden.

Wir betrachten kleine Verformungen, verwenden also die linearisierte Wellengleichung (4.8),

$$\partial_2 v(x,t) = \frac{1}{\varrho(x)} \partial_1 \sigma(x,t) \quad ,$$

und beschreiben das Material durch das HOOKE'sche Gesetz $\sigma = E\varepsilon$. Die Zeitableitung dieser Beziehung ist

$$\partial_2 \sigma(x,t) = E\partial_2 \varepsilon(x,t) \quad .$$

Mit der Kompatibilitätsbedingung (4.9) kann dies umgeschrieben werden:

$$\partial_2 \sigma(x,t) = E\partial_1 v(x,t)$$

Mit der Einschränkung, daß Dichte und Steifigkeit am Anfang gleichverteilt sind,[5] ergibt sich ein System von zwei linearen Differentialgleichungen erster Ordnung mit konstanten Koeffizienten:

$$\partial_2 v(x,t) = \frac{1}{\varrho} \partial_1 \sigma(x,t)$$
$$\partial_2 \sigma(x,t) = E\partial_1 v(x,t)$$

Oder in Matrizenform[6] geschrieben

$$\partial_2 \mathbf{q}(x,t) + \mathbf{A}\partial_1 \mathbf{q}(x,t) = \mathbf{0} \qquad (4.10)$$

mit

$$\mathbf{q}(x,t) = \begin{bmatrix} v(x,t) \\ \sigma(x,t) \end{bmatrix} \quad , \quad \mathbf{A} = \begin{bmatrix} 0 & -\frac{1}{\varrho} \\ -E & 0 \end{bmatrix} \quad .$$

---

[5]Diese Einschränkung ist notwendig, damit das System eine allgemeine Bilanzform 4.5

$$\partial_2 \mathbf{q}(x,t) + \partial_1 \Big(\mathbf{A}\mathbf{q}(x,t) \Big) = \mathbf{0}$$

ist. Nur für solche Bilanzformen sind die mathematischen Theorien vorhanden und die Existenz der Riemannlösung bewiesen. Für die Behandlung allgemeinerer Formen mit $\mathbf{A}(\mathbf{q},x,t)$ ist das Vorgehen nicht so ganz klar. In diesem Sinne sind die später getroffenen Erweiterungen auf veränderliche Dichte und Steifigkeiten experimentell zu sehen!

[6]Für allgemeine hyperbolische Systeme finden sich die kompletten Beziehungen in LE VEQUE (1992, S 58 ff)

Anmerkung: Aus dem Vergleich dieser Gleichung mit der allgemeinen Form der Bilanzgleichungen (4.5) sehen wir, daß die linear-elastische Wellengleichung (natürlich !) eine Bilanzgleichung ist, mit $\mathbf{Aq}$ als eine lineare Flußfunktion $\mathbf{f(q)}$.

4.2.1 Lösung der linear-elastischen Wellengleichung
Solution of the wave equation

Die Eigenwerte von $\mathbf{A}$ in Gleichung 4.10 sind definiert durch

$$\mathbf{Ar} = \lambda \mathbf{r} \quad .$$

Sie sind in unserem Fall

$$\lambda_1 = -\sqrt{\frac{E}{\varrho}} = -c \quad , \quad \lambda_2 = \sqrt{\frac{E}{\varrho}} = c \quad ,$$

wobei wir in c die Wellengeschwindigkeit erkennen[7].

Die zugehörigen Eigenvektoren sind:

$$\mathbf{r}_1 = \begin{bmatrix} c \\ E \end{bmatrix} \quad , \quad \mathbf{r}_2 = \begin{bmatrix} -c \\ E \end{bmatrix}$$

Dieses Gleichungssystem ist hyperbolisch, da $\mathbf{A}$ diagonalisierbar mit reellen Eigenwerten ist

$$\mathbf{A} = \mathbf{R}\mathbf{\Lambda}\mathbf{R}^{-1} \quad ,$$

mit

$$\mathbf{\Lambda} = \begin{bmatrix} \lambda_1 & 0 \\ 0 & \lambda_2 \end{bmatrix} \quad , \quad \mathbf{R} = [\mathbf{r}_1, \mathbf{r}_2] \quad .$$

Unser System ist sogar strikt hyperbolisch, da die Eigenwerte verschieden sind.

In unserem Fall ist

$$\mathbf{R} = \begin{bmatrix} c & -c \\ E & E \end{bmatrix} \quad , \quad \mathbf{R}^{-1} = \frac{1}{2} \begin{bmatrix} 1/c & 1/E \\ -1/c & 1/E \end{bmatrix} \quad .$$

Die Lösung des Systems (4.10) finden wir durch Entkoppeln der Gleichungen. Wir führen eine charakteristische Variable ein

$$\mathbf{w} = \mathbf{R}^{-1}\mathbf{q} \quad .$$

---

[7]Zumindest wenn wir schon etwas Wissen über die Wellenausbreitung besitzen.

Wir multiplizieren nun Gleichung 4.10 von links mit $\mathbf{R}^{-1}$

$$\mathbf{R}^{-1}\partial_2\mathbf{q}(x,t) + \underbrace{\mathbf{R}^{-1}\mathbf{A}}_{\mathbf{\Lambda}\mathbf{R}^{-1}}\partial_1\mathbf{q}(x,t) = \mathbf{0} \quad .$$

Daraus folgt mit konstantem $\mathbf{R}$ das entkoppelte System:

$$\partial_2\mathbf{w}(x,t) + \mathbf{\Lambda}\partial_1\mathbf{w}(x,t) = \mathbf{0}$$

oder ausgeschrieben

$$\partial_2 w_1(x,t) + \lambda_1\partial_1 w_1(x,t) = 0$$
$$\partial_2 w_2(x,t) + \lambda_2\partial_1 w_2(x,t) = 0$$

Die Lösung dieser entkoppelten Gleichungen ist einfach

$$
\begin{aligned}
w_1(x,t) &= w_1(x - \lambda_1 t, 0) \\
w_2(x,t) &= w_2(x - \lambda_2 t, 0)
\end{aligned}
$$

mit der Anfangsbedingung

$$\mathbf{w}(x,0) = \mathbf{R}^{-1}\mathbf{q}(x,0) \quad .$$

Durch Multiplizieren mit $\mathbf{R}$ kommen wir zurück zur ursprünglichen Variablen

$$
\begin{aligned}
\mathbf{q}(x,t) &= \mathbf{R}\mathbf{w}(x,t) \\
\mathbf{q}(x,t) &= w_1(x - \lambda_2 t, 0)\mathbf{r}_1 + w_2(x - \lambda_2 t, 0)\mathbf{r}_2
\end{aligned}
$$

In unserem Beispiel ist

$$\mathbf{w} = \mathbf{R}^{-1}\mathbf{q} = \frac{1}{2}\begin{bmatrix} v/c + \sigma/E \\ -v/c + \sigma/E \end{bmatrix} = \begin{bmatrix} w_1 \\ w_2 \end{bmatrix} \quad .$$

Um sich das etwas besser vorstellen zu können, hier noch ein kleines Zahlenbeispiel. Wir betrachten einen Stab mit $E = 90$ N/m^2 und einer Dichte von $\varrho = 10$ kg/m^3. Das ergibt die Wellengeschwindigkeit $c = \sqrt{E/\varrho} = 3$ m/s.

Mit diesen Angaben betrachten wir zunächst einen Spannungssprung von 90 N/m^2 irgendwo in der Mitte des Stabes:

$$\text{links vom Sprung} \quad \mathbf{q} = \begin{bmatrix} v \\ \sigma \end{bmatrix} = \begin{bmatrix} 0 \\ 90 \end{bmatrix} \quad , \text{ rechts vom Sprung} \quad \mathbf{q} = \begin{bmatrix} 0 \\ 0 \end{bmatrix}$$

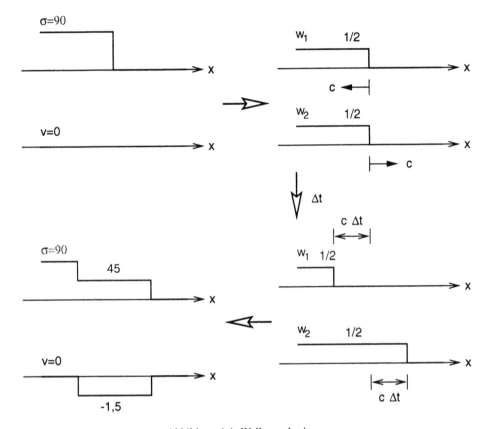

Abbildung 4.4: Wellenausbreitung

Figure 4.4: Propagation of σ- and v-waves decomposed into eigenvectors (elastic material)

Die Lösung dieses Problems ist in Abbildung 4.4 skizziert.

Die für die Berechnung notwendigen Eigenvektoren sind:

$$\mathbf{R} = \begin{bmatrix} 3 & -3 \\ 90 & 90 \end{bmatrix}$$

Damit ergibt sich im entkoppelten System aus $\mathbf{w} = \mathbf{R}^{-1}\mathbf{q}$:

links vom Sprung $\quad \mathbf{w} = \begin{bmatrix} 1/2 \\ 1/2 \end{bmatrix}$, rechts vom Sprung $\quad \mathbf{w} = \begin{bmatrix} 0 \\ 0 \end{bmatrix}$

Nach einer gewissen Zeit Δt haben sich die beiden Wellen w_1 und w_2 **unabhängig voneinander** mit ihren Wellengeschwindigkeiten $\lambda_1 = -c$ und $\lambda_2 = c$ um die Distanz $\lambda \Delta t$ bewegt. Wir setzen die Lösung im Bereich zwischen den Wellenfronten zusammen:

$$\mathbf{q}(x,t) = w_1(x,t)\mathbf{r}_1 + w_2(x,t)\mathbf{r}_2 = 0 \begin{bmatrix} 3 \\ 90 \end{bmatrix} + \frac{1}{2} \begin{bmatrix} -3 \\ 90 \end{bmatrix} = \begin{bmatrix} -1.5 \\ 45 \end{bmatrix} = \begin{bmatrix} v \\ \sigma \end{bmatrix}$$

4.2.2 Das Riemannproblem
Riemann problem

Das vorher behandelte Beispiel ist ein sogenanntes Riemannproblem. Allgemein wird in einem Riemannproblem die Ausbreitung eines Sprunges in der Anfangsbedingung $\Delta q(x, 0)$ betrachtet[8], wie in Abbildung 4.5 qualitativ[9] dargestellt.

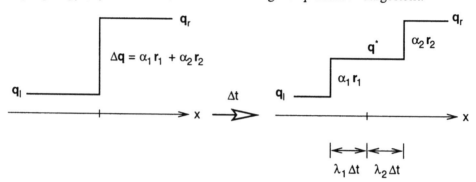

Abbildung 4.5: Riemannproblem

Figure 4.5: Riemann problem: Spatial distribution of a quantity q at t = 0 (left) and t = Δt > 0 (right)

Der Sprung der Lösung

$$\Delta \mathbf{q} = \mathbf{q}_r - \mathbf{q}_l = \left[\begin{array}{c} \Delta v \\ \Delta \sigma \end{array} \right] = \left[\begin{array}{c} v_r - v_l \\ \sigma_r - \sigma_l \end{array} \right]$$

kann wie im vorhergehenden Abschnitt durch die Eigenvektoren des Systems ausgedrückt werden:

$$\left[\begin{array}{c} \alpha_1 \\ \alpha_2 \end{array} \right] = \mathbf{R}^{-1} \Delta \mathbf{q}$$

Der Sprung kann also dargestellt werden als

$$\Delta \mathbf{q} = \mathbf{R} \left[\begin{array}{c} \alpha_1 \\ \alpha_2 \end{array} \right] = \alpha_1 \mathbf{r}_1 + \alpha_2 \mathbf{r}_2 \quad .$$

Eine Welle mit der konstanten Amplitude $\alpha_1 \mathbf{r}_1$ bewegt sich nun mit der Wellengeschwindigkeit $\lambda_1 = -c < 0$ nach links, und das unabhängig von der Welle $\alpha_2 \mathbf{r}_2$, die sich mit der Geschwindigkeit $\lambda_2 = c > 0$ nach rechts bewegt.

---

[8]Insofern war das vorige Beispiel lediglich ein Spezialfall, da nur eine Komponente von **q** einen Sprung hatte.

[9]Eigentlich springen 2 Komponenten von **q** getrennt voneinander. Aus Gründen der Anschaulichkeit ist hier sozusagen nur eine Komponente gezeichnet.

Nach einer gewissen Zeit Δt ist die Lösung an der alten Stelle des Sprunges (und im gesamten Bereich zwischen den Wellenfronten)

$$\mathbf{q}^\star = \mathbf{q}_l + \alpha_1 \mathbf{r}_1 = \mathbf{q}_r - \alpha_2 \mathbf{r}_2 \qquad (4.11)$$

Dieser Zusammenhang wird im folgenden numerischen Verfahren nach Godunov benützt[10].

4.3 Sprungrelationen
Jump relation

Die differentielle Form der Wellengleichung gilt „natürlich" nur, wenn auch die Variablen in der Gleichung differenzierbar sind. Sind sie das nicht, gibt es also eine sogenannte Diskontinuität in der Lösung, kann die Wellengleichung auch in Form von Sprungbedingungen formuliert werden. Diese Sprungformulierungen werden im nächsten Abschnitt zur Lösung einer anelastischen Wellenausbreitung benützt.

Wir betrachten eine Diskontinuität in der Dichte, die sich zur Zeit t gerade in $x = 0$ befindet, und sich mit der Geschwindigkeit c nach rechts bewegt (Abbildung 4.6).

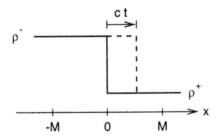

Abbildung 4.6: Sprungbedingung

Figure 4.6: Moving discontinuity of density (sketch serving to derive equation 4.12)

Der Wert der Dichte links (hinter) der Front ist ϱ^- und rechts (vor) der Front ist ϱ^+. Der Sprung der Dichte ist

$$\lfloor \varrho \rfloor = \varrho^- - \varrho^+$$

Die Masse im Bereich $-M$ bis M ist (wie einfach aus dem strichlierten Verlauf in Abbildung 4.6 zu sehen)

$$\int_{-M}^{M} \varrho(x,t)dx = (M + ct)\varrho^- + (M - ct)\varrho^+$$

---

[10]Eine allgemeine Darstellung des Riemannproblems für mehrere Variablen ist in LE VEQUE (1992, S 64 ff) angeführt.

Die zeitliche Änderung dieser Masse ist demnach

$$\frac{d}{dt}(M + ct)\varrho^- + \frac{d}{dt}(M - ct)\varrho^+ = c(\varrho^- - \varrho^+) = c[\varrho] \quad .$$

Andererseits ist die zeitliche Änderung der Masse durch die Differenz der zu- und abfließenden Massenflüsse gegeben (Gleichung 4.1):

$$\frac{d}{dt}\int_{-M}^{M} \varrho(x,t)dx = \varrho(-M,t)v(-M,t) - \varrho(M,t)v(M,t) = \varrho^- v^- - \varrho^+ v^+ = [\varrho v]$$

Daraus folgt die RANKINE HUGONIOT'sche Sprungbedingung (LE VEQUE, 1992, S 31)

$$c[\varrho] = [\varrho v] \tag{4.12}$$

Diese gilt auch allgemein für beliebige Flußfunktionen $\mathbf{f}(\mathbf{q})$ im Sinne von Abschnitt 4.1.1 (LE VEQUE, 1992, S 31)

$$\begin{aligned} c(\mathbf{q}^- - \mathbf{q}^+) &= \mathbf{f}(\mathbf{q}^-) - \mathbf{f}(\mathbf{q}^+) \\ c[\mathbf{q}] &= [\mathbf{f}] \end{aligned} \tag{4.13}$$

Somit gilt die RANKINE HUGONIOT'sche Sprungbedingung auch für die Impulsbilanz mit der skalaren Flußfunktion $f = \varrho v^2 - \sigma$. Dies führt zur Sprungbedingung für den Impuls in Eulerkoordinaten:

$$c[\varrho v] = [\varrho v^2 - \sigma] \tag{4.14}$$

4.4   Linearisierung der Sprungrelationen
Linearisation of the jump relation

Mit denselben Annahmen wie in Abschnitt 4.1.1, nämlich kleiner Geschwindigkeiten $\hat{v}$ und kleiner Dichteänderungen $\hat{\varrho}$

$$\begin{aligned} \varrho &= \varrho_\star + \hat{\varrho} \\ \varrho v &= \varrho_\star \hat{v} + \hat{\varrho}\hat{v} \approx \varrho_\star \hat{v} \\ \varrho v^2 &= \varrho_\star \hat{v}^2 + \hat{\varrho}\hat{v}^2 \approx 0 \quad , \end{aligned}$$

folgt die linearisierte Sprungbedingung der Impulsbilanz aus 4.14:

$$c\varrho_\star[\hat{v}] = [\sigma]$$

4.5 Wellenausbreitung in anelstischem Material
Inelastic wave

Hier soll die Ausbreitung einer Welle in einem eindimensionalen Kontinuum mit einem Stoffgesetz mit verschiedenen Steifigkeiten für Be- und Entlastung untersucht werden. Dazu wird ein Riemannproblem (vgl. Abschnitt 4.2.2) gelöst. Es werden Formeln für die Eindringtiefe der Welle in den Stab entwickelt.

Einleitung

Angeregt durch die Berechnung der anelastischen Wellenausbreitung von L. V. NI-KITIN[11] habe ich dasselbe Problem untersucht und etwas weiter ausgewertet. Die Beziehungen zwischen den Spannungen und Geschwindigkeiten, sowie der Dehnungen wurden in geschlossene Formeln übergeführt und daraus eine Eindringtiefe definiert.

4.5.1 System
Problem specification

Als Vorstellung für das eindimensionale Kontinuum dient ein halbunendlicher dünner Stab mit konstantem Querschnitt (Abbildung 4.7). Dehnungen und Massenträgheiten quer zur Stabachse werden vernachlässigt.

Abbildung 4.7: Halbunendlicher Stab

Figure 4.7: Semi-infinite bar

Abbildung 4.8: Belastung

Figure 4.8: Loading process

Als Belastung wird eine Rechteckspannung σ_1 während der Zeit $t = 0$ bis $t = t_1$ am linken Ende des Stabes aufgebracht (Abbildung 4.8).

Das Stoffgesetz ist als Ratengesetz gegeben:

$$\dot{\sigma} = \begin{cases} E_1\dot{\varepsilon} & : \quad \dot{\varepsilon} < 0 \quad \text{für Erstbelastung} \\ E_2\dot{\varepsilon} & : \quad \dot{\varepsilon} > 0 \quad \text{für Entlastung} \\ E_2\dot{\varepsilon} & : \quad \dot{\varepsilon} < 0 \quad \text{für Wiederbelastung} \end{cases} \qquad (4.15)$$

---

[11]persönliche Mitteilung, April 1998

Für eine bestimmte Belastungsgeschichte kann dieses Gesetz dann aufintegriert werden (Abbildung 4.9).

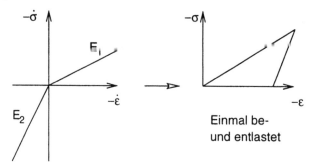

Abbildung 4.9: Stoffgesetz

Figure 4.9: Constitutive law equation 4.15, strain-stress-curves for loading and unloading (right)

4.5.2 Wellenausbreitung
Wave propagation

In diesem Abschnitt wird die Ausbreitung der Spannung und Dehnung im Stab mit Hilfe von Sprungrelationen betrachtet. Die durchgeführten Berechnungen entsprechen der Lösung des Riemannproblems für diesen Fall.

Fortschreiten der Belastungsfront

Am Beginn der Belastung $t < t_1$ wandern ein Spannungssprung und ein Geschwindigkeitssprung (Schock) mit der Wellengeschwindigkeit $a = \sqrt{E_1/\varrho}$ nach rechts durch den Stab (Abbildung 4.10).

Wir definieren nun die Sprunggrößen

$$[\sigma] = \sigma^- - \sigma^+$$
$$[v] = v^- - v^+$$
$$[\varepsilon] = \varepsilon^- - \varepsilon^+$$

Darin ist σ^- die Spannung hinter und σ^+ die Spannung vor der Front, auf die Bewegungsrichtung der Front bezogen.

An einer Schockfront mit der Ausbreitungsgeschwindigkeit[12] a in einem Medium mit der Dichte ϱ gelten die Impulsbilanz unter Vernachlässigung der Dichteänderung

---

[12]Hier wird die Wellengeschwindigkeit der Belastungsfront mit a und die der Entlastungsfront mit b bezeichnet, um einen Indexdschungel bei Wahl von $c_1 = a$ und $c_2 = b$ zu verhindern.

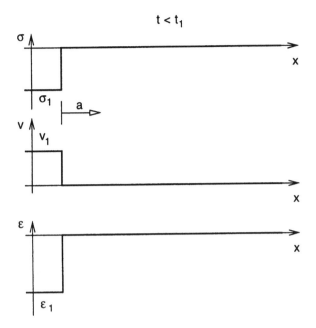

Abbildung 4.10: Ausbreitung des Belastungsschockes

Figure 4.10: Shock propagation, loading front

durch die Dehnungen,

$$[\sigma] = \pm \varrho a [v]$$

und die kinematische Verträglichkeit (Stetigkeit der Verschiebungen, Kompatibilitätsbedingung)

$$[v] = \pm a [\varepsilon] \quad ,$$

worin das Vorzeichen + für eine nach links laufende und − für eine nach rechts laufende Front gilt (LUBLINER, 1990, S. 441).

Weiters gilt noch das Stoffgesetz. Das ist in unserem Fall

$$[\sigma] = (E_1 \text{ oder } E_2)[\varepsilon] \quad .$$

Für den Fall der Belastungsfront , die mit der Geschwindigkeit a nach rechts wandert, erhalten wir aus der Impulsbilanz die Geschwindigkeit der Stabteilchen hinter der Front:

$$[\sigma] = -\varrho a [v]$$
$$\sigma_1 - 0 = -\varrho a (v_1 - 0)$$
$$v_1 = -\frac{\sigma_1}{\varrho a}$$

Die Dehnung hinter der Front folgt aus dem Stoffgesetz mit der Belastungssteifigkeit:

$$[\sigma] = E_1[\varepsilon]$$
$$\sigma_1 - 0 = E_1(\varepsilon_1 - 0)$$
$$\varepsilon_1 = \frac{\sigma_1}{E_1} \;.$$

Fortschreiten der Entlastungsfront

Ist die Zeit $t > t_1$, wandert eine Entlastungsfront mit der Wellengeschwindigkeit $b = \sqrt{E_2/\varrho}$ nach rechts durch den Stab (Abbildung 4.11). Sie ist aufgrund des steiferen Materialverhaltens schneller als die Belastungsfront und wird diese irgendwann einholen. Was dann passiert, wird in Abschnitt 4.5.2 behandelt. Zuerst müssen wir die Sprungrelationen für die Entlastungsfront betrachten und daraus die Geschwindigkeit und die Dehnung hinter der Front berechnen.

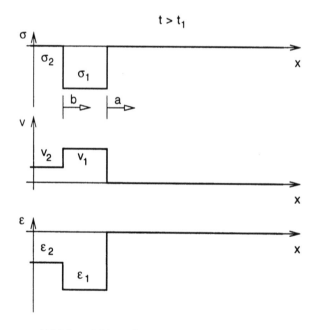

Abbildung 4.11: Aufholrennen der Entlastungsfront

Figure 4.11: The unloading shock is on the way to overtake the loading one

Da der linke freie Rand nun nicht mehr belastet wird, ist die Spannung $\sigma_2 = 0$. Aus der Impulsbilanz folgt die Geschwindigkeit der Stabteilchen hinter der Front:

$$[\sigma] = -\varrho b[v]$$

$$0 - \sigma_1 \; = \; -\varrho b(v_2 - v_1) = -\varrho b\left(v_2 + \frac{\sigma_1}{\varrho a}\right)$$

$$v_2 \; = \; \frac{\sigma_1}{\varrho a}\frac{a-b}{b} = v_1\frac{b-a}{b}$$

Die Dehnung hinter der Front folgt aus dem Stoffgesetz mit der Entlastungssteifigkeit:

$$[\sigma] \; = \; E_2[\varepsilon]$$

$$0 - \sigma_1 \; = \; E_2(\varepsilon_2 - \varepsilon_1)$$

$$\varepsilon_2 \; = \; \varepsilon_1 - \frac{\sigma_1}{E_2} = \varepsilon_1\frac{E_2 - E_1}{E_1} = \sigma_1\frac{E_2 - E_1}{E_2 E_1}$$

Einholen der Belastungsfront

Zur Zeit t_2 trifft die Entlastungsfront an der Stelle x_2 auf die Belastungsfront. Nun könnte man behaupten, daß die Spannung dann Null ist und die Welle verschwindet. Dabei übersieht man aber die Geschwindigkeit v_2 der Teilchen hinter der Entlastungsfront (Abbildung 4.12). Diese Teilchen prallen wie einen Stab mit der Geschwindigkeit v_2 auf einen Stab mit der Geschwindigkeit Null. Das löst nun zwei Schockwellen aus. Eine läuft nach rechts weiter in den unbelasteten Stabteil, eine läuft nach links zurück und stellt für den Stab eine Wiederbelastung dar.

Diese Wellen sind für eine Zeit $t > t_2$ in Abbildung 4.13 dargestellt.

Aus der Impulsbilanz für die nach rechts laufende Belastungsfront

$$\sigma_3 - 0 = -\varrho a(v_3 - 0)$$

und der Impulsbilanz für die nach links laufende Wiederbelastungsfront

$$\sigma_3 - 0 = \varrho b(v_3 - v_2)$$

folgt die Spannung an der Einholstelle

$$\sigma_3 = \sigma_1\frac{b-a}{b+a}$$

und die Geschwindigkeit an der Einholstelle

$$v_3 = v_1\frac{b-a}{b+a} \quad .$$

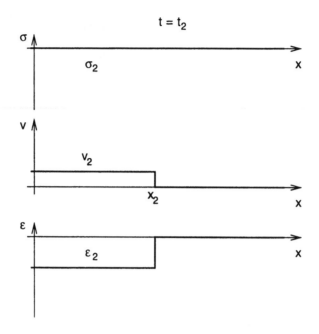

Abbildung 4.12: Die Entlastungsfront hat die Belastungsfront gefangen
Figure 4.12: The unloading shock has caught the loading shock

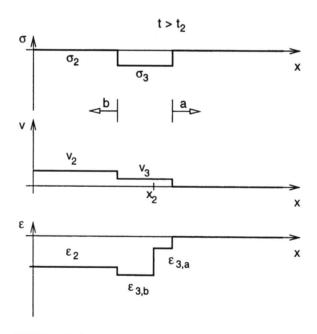

Abbildung 4.13: Kurz nach dem Einholen der Belastungswelle
Figure 4.13: Shortly after catching the loading shock

Die Dehnung hat eine bleibende Diskontinuität bei x_2. Links von x_2 und hinter der

Wiederbelastungsfront hat sie aus dem Stoffgesetz den Wert

$$[\sigma] = E_2[\varepsilon]$$
$$\sigma_3 - \sigma_2 = E_2(\varepsilon_{3,b} - \varepsilon_2)$$
$$\varepsilon_{3,b} = \varepsilon_1 \frac{b-a}{b+a} \frac{2a^2 + b^2 + 2ab}{b^2} \quad .$$

Rechts von x_2 ist das Material weiterhin in der Erstbelastung:

$$\varepsilon_{3,a} = \frac{\sigma_3}{E_1} = \varepsilon_1 \frac{b-a}{b+a}$$

Reflexion der Wiederbelastungswelle

Zur Zeit t_3 erreicht die Wiederbelastungswelle das linke Ende des Stabes. Sie wird dort reflektiert und „versucht" dann wieder, als Entlastungswelle die Belastungswelle einzuholen (Abbildung 4.14).

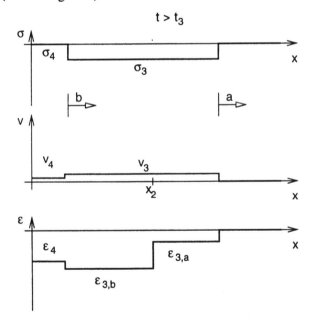

Abbildung 4.14: Erneuter Fangversuch der Entlastungswelle

Figure 4.14: The unloading shock is on the way to catch again the loading shock

Das ist der gleiche Fall wie ganz am Anfang. Die Spannung σ_4 ist wieder Null, und die Geschwindigkeit ergibt sich analog zu v_2

$$v_4 = v_3 \frac{b-a}{b} \quad .$$

Die Dehnungen im Bereich links von x_2 ergeben sich aus dem Stoffgesetz zu

$$\varepsilon_4 = \varepsilon_2 \quad .$$

Die bleibende Dehnung ist in jedem Abschnitt[13] immer so groß, wie sie sich beim ersten Be- und Entlasten eingestellt hat. Die durch das immer erneute Einholen der Belastungsfront durch die Entlastungsfront entstehenden hin- und herlaufenden Wellen erzeugen nur ein Schwingen um diese Dehnung, da wir ja für das Wiederbelasten mit der Entlastungssteifigkeit rechnen und damit die Bereiche hinter (links) des letzten Einholpunktes rein elastisch sind.

Darstellung mit Charakteristiken

Die Ausbreitung der Welle läßt sich auch mit Charakteristiken (Abbildung 4.15) darstellen. Dort können jene Punkte ermittelt werden, an denen die jeweilige Entlastungswelle die Belastungswelle einholt.

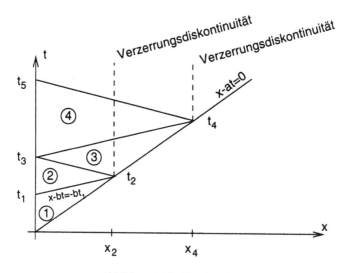

Abbildung 4.15: Charakteristiken

Figure 4.15: Characteristics (stress, velocity) of the inelastic wave propagation in the x-t-plane

Die Charakteristik $x - at = 0$ der ersten Belastungsfront schneidet sich mit der Charakteristik der ersten Entlastungsfront $x - bt = -bt_1$ zur Zeit t_2 in x_2. Das sind die Zeit und der Ort, an denen die Entlastungswelle die Belastungswelle einholt und zwei neue Wellen starten.

---

[13]Im Sinne von den Teilen zwischen den Einholstellen x_2, x_4, x_6, usw.

Wir erhalten den Schnittpunkt der beiden Geraden:

$$t_2 = \frac{b}{b-a}t_1$$

$$x_2 = \frac{ab}{b-a}t_1$$

Die Wiederbelastungswelle benötigt gleich lang zum linken Ende des Stabes, wie die Entlastungswelle zum Treffpunkt x_2 gebraucht hat

$$t_3 = t_2 + (t_2 - t_0) \quad .$$

Die Berechnung der Schnittpunkte läßt sich rekursiv fortsetzen und dann für gerade n in eine geschlossenen Formel überführen

$$x_n = \frac{ab}{b-a}\left(\frac{2b}{b-a}-1\right)^{\frac{n}{2}-1}t_1 \quad . \tag{4.16}$$

Rekursive Fortsetzung

Die Spannungen und die Geschwindigkeiten lassen sich rekursiv berechnen, da sich die Vorgänge, wie zuvor gezeigt, wiederholen. Die Spannungen und die Geschwindigkeiten lassen sich für alle Bereiche des Charakteristikendiagrammes (Abbildung 4.15) angeben. Die Bereiche sind mit (n) gekennzeichnet.

Die Spannungen sind dann für ungerade n:

$$\sigma_n = \sigma_{n-2}\frac{b-a}{b+a}$$

Das läßt sich auch als geschlossene Formel schreiben:

$$\sigma_n = \begin{cases} 0 & : \ n \geq 2 \text{ und gerade} \\ \sigma_1\left(\frac{b-a}{b+a}\right)^{\frac{n-1}{2}} & : \ n \geq 3 \text{ und ungerade} \end{cases}$$

Die zugehörigen Geschwindigkeiten sind:

$$v_n = \begin{cases} v_1\frac{b-a}{b}\left(\frac{b-a}{b+a}\right)^{\frac{n}{2}-1} & : \ n \geq 2 \text{ und gerade} \\ v_1\left(\frac{b-a}{b+a}\right)^{\frac{n-1}{2}} & : \ n \geq 3 \text{ und ungerade} \end{cases}$$

Die bleibenden Dehnungen ergeben sich jeweils zwischen x_{n-2} und x_n für gerade n:

$$\varepsilon_n = \frac{\sigma_{n-1}}{E_1}\frac{E_2-E_1}{E_1} = \underbrace{\frac{\sigma_1}{E_1}\frac{E_2-E_1}{E_1}}_{\varepsilon_2}\left(\frac{b-a}{b+a}\right)^{\frac{n-2}{2}} \tag{4.17}$$

Eindringtiefe

Obwohl die bleibende Dehnung auch im Unendlichen nicht ganz verschwindet, so wird sie doch mit zunehmender Entfernung vom Rand monoton kleiner. Als eine Art Eindringtiefe definiere ich jenen Ort x, an dem die bleibende Dehnung auf den α-fachen Wert der bleibenden Dehnung am Stabanfang ε_2 abgesunken ist. Aus Gleichung 4.17 folgt mit der reellen Zahl ξ anstelle der natürlichen Zahl n:

$$\varepsilon_\xi = \varepsilon_2 \left(\frac{b-a}{b+a}\right)^{\frac{\xi-2}{2}}$$

Daraus finden wir:

$$\alpha := \left(\frac{b-a}{b+a}\right)^{\frac{\xi-2}{2}} \tag{4.18}$$

Das hier betrachtete System hat keinerlei Dämpfung (vgl. Anhang D). Die Energie muß erhalten bleiben. Deshalb laufen auch nach unendlich langer Zeit immer noch Wellen durch den Stab. Für die in der Realität vorhandene Materialdämpfung wird aber die Amplitude jeder einzelnen Welle durch Energieverlust während der Ausbreitung immer kleiner. Das heißt daß irgendwann die reflektierten Wellen nicht mehr bis zur aktuellen Erstbelastungsfront laufen, und somit die Entstehung neuer zurücklaufender Wellen unterbleibt. Die noch verbleibende Erstbelastungsfront wird ebenso ausgedämpft.[14]

Den Abstand x_ξ finden wir aus Gleichung 4.16

$$x_\xi \approx \frac{ab}{b-a} \left(\frac{2b}{b-a} - 1\right)^{\frac{\xi}{2}-1} t_1 \quad , \tag{4.19}$$

mit ξ aus Gleichung 4.18

$$\xi = 2\frac{\ln\alpha}{\ln\frac{b-a}{b+a}} + 2 \quad .$$

Eindringtiefe als Funktion der Erregerfrequenz

Die Formel für die Eindringtiefe (4.19) kann auch etwas anders geschrieben werden

$$x_\xi = C(E_1, E_2, \alpha)t_1 \quad .$$

---

[14]Auch ohne Materialdämpfung denke ich, daß sich Bodenkörner unter einer gewissen Spannungsdifferenz nicht verschieben lassen (vergleiche Haftreibung), und die Welle deshalb bei sehr kleinen Spannungsamplituden steckenbleiben muß. Die Amplituden der Spannungswellen sinken ja bei jedem Einholvorgang.

Für fixe Werte E_1, E_2 und α ist die Eindringtiefe also proportional zur Belastungsdauer t_1.

Für eine periodische Erregung ist die Periodendauer $T = \frac{2\pi}{f}$, mit der Frequenz f. Die Rechteckbelastung entspricht der halben Periode einer eventuellen „zyklischen" Belastung. Somit ist die Eindringtiefe umgekehrt proportional zur Erregerfrequenz $x = \frac{C}{f}$.

Für eine Belastungshalbwelle dringt die bleibende Verformung also bei doppelter Frequenz nur halb soweit in den Stab ein. Daraus könnte man behaupten, es wäre besser langsamer zu rütteln (bei gleicher Schlagkraft!), um einen größeren Einflußbereich zu erzielen.

Nun kann aber bei doppelter Frequenz auch doppelt so oft belastet werden. Wieweit die zweite Belastungshalbwelle eindringt, wird später mit realistischen Stoffgesetzen numerisch berechnet.

Verschiebung des linken Randes

Die Verschiebungen im Stab ergeben sich allgemein aus

$$u(x,t) = \int_{t_0}^{t} v(x,\tau)d\tau + u(x,t_0) \quad,$$

und speziell für den linken Rand $x = 0$ mit $t_0 = 0$

$$u(x,t) = \int_{0}^{t} v(0,\tau)d\tau + u(0,0) \quad.$$

Die Geschwindigkeiten am linken Rand sind (vergleiche Charakteristikendiagramm, Abbildung 4.15) $v_1, v_2, v_4, v_6, \ldots$, und die Zeiten, zwischen denen diese Geschwindigkeiten gelten, sind $t_1, t_3, t_5, \ldots$. Somit wird obiges Integral in unserem Fall zu:

$$u(0,t) = v_1 t_1 + v_2(t_3 - t_1) + v_4(t_5 - t_3) + \ldots$$

Dies läßt sich nach einigem Umformen als Summe einer geometrischen Reihen anschreiben:

$$u(0,t_i) = v_1 t_1 \left[1 + \left(1 - \frac{b-a}{b} \right)(i-1) \right] \quad \text{für ungerade } i$$

Für unendlich lange Zeit geht die Randverschiebung also gegen unendlich, ebenso wie für den „halb"-unendlichen elastischen Stab, der ja auch keine Steifigkeit als Gesamtsystem hat[15].

---

[15]Ein Stab mit der Querschnittsfläche A, der Länge l und dem Elastizitätsmodul E hat die Steifigkeit $K = EA/l$. Daraus sieht man sofort, daß für $l \to \infty$ die Steifigkeit Null wird. Somit führt eine Belastung mit der Kraft F zu einer unendlichen Verschiebung des Randes $u = F/K$.

Die Zunahme der Verschiebung über die Zeit wird aber monoton kleiner. Es kann also ähnlich wie für die Verzerrung ein Grenzwert gefunden werden, wenn bei einer Randgeschwindigkeit kleiner als αv_1 abgebrochen wird

$$\alpha = \frac{v_\xi}{v_1} \quad .$$

Mit einem vorgegebenen α finden wir den zugehörigen Index der Zeit

$$\xi = 2\frac{\ln\frac{\alpha b}{b-a}}{\ln\frac{b-a}{b+a}} + 2 \quad ,$$

und damit die Randverschiebung mit $v_1 = -\frac{\sigma_1}{\varrho a}$ zu

$$u(0,\infty) \approx -\frac{\sigma_1}{\varrho a}t_1\left[\xi - (\xi-1)\frac{b-a}{b}\right] \quad .$$

Beispiel

Für einen Stab mit den Steifigkeiten $E_1 = 10\ \text{MN/m}^2$, $E_2 = 80\ \text{MN/m}^2$ und der Dichte $\varrho = 1528\ \text{kg/m}^3$ ergeben sich die bleibenden Dehnungen in Abbildung 4.16 für eine Belastung von $\sigma_1 = -1\ \text{kN}$ über die Zeit $t_1 = 0.01\ \text{s}$. Die Verschiebung am Angriffspunkt der Erregung (Stabanfang, $x = 0$) ist in Abbildung 4.17 in ihrem zeitlichen Verlauf dargestellt.

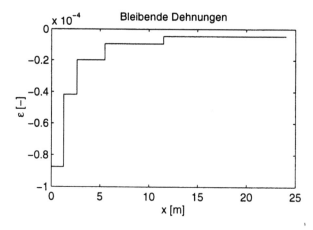

Abbildung 4.16: Bleibende Dehnungen für $E_1 = 10\ \text{MN/m}^2$ und $E_2 = 80\ \text{MN/m}^2$
Figure 4.16: Permanent strains with $E_1 = 10\ MN/m^2$ and $E_2 = 80\ MN/m^2$, $\varrho = 1528\ kg/m^3$, $\sigma_1 = -1\ kN$, $t_1 = 0.01\ s$

Eine Variation der Entlastungssteifigkeit ändert die Eindringtiefe wie in Abbildung 4.18 dargestellt.

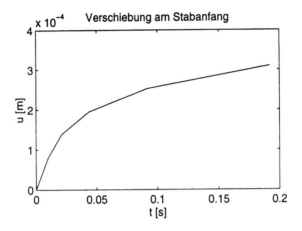

Abbildung 4.17: Verschiebung des linken Stabrandes

Figure 4.17: Displacement of the loaded boundary of the bar

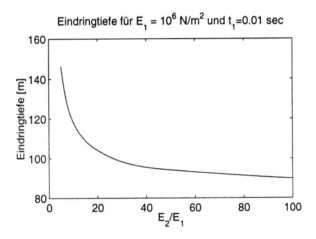

Abbildung 4.18: Eindringtiefe

Figure 4.18: Penetration length of the inelastic wave

Realistischeres Stoffgesetz

Als Beispiel ist hier noch das Ergebnis einer numerischen Berechnung mit einem realistischeren Stoffgesetz nach DIERSSEN (1994, S. 26) aufgeführt:

$$\dot{\sigma} = E\left(1 - \frac{\sigma}{\sigma_{max}}\mathrm{sgn}(\dot{\varepsilon})\right)$$

Das Verhalten des Stoffgesetzes ist in Abbildung 4.19 dargestellt. Es wurde das numerische Verfahren von GODUNOV verwendet, welches im nächsten Abschnitt erklärt wird.

Dieses Stoffgesetz berücksichtigt eine Dämpfung, wegen der Hystereseschleife beim zyklischen Belasten. Die Dehnungen in Abbildung 4.20 sind für einen Stab mit den Stoffgesetzparametern Anfangsmodul $E = 30$ MN/m^2 und maximale Spannung $|\sigma_{max}| = 1.2$ kN berechnet worden. Die Belastung hat die Form einer Sinushalbwelle $\sigma(t) = \sigma_0 \sin(\Omega t)$, mit $\sigma_0 = -1$ kN und $\Omega = 50$ 1/s. Die Dauer der Belastung ist $t_1 = \frac{\pi}{\Omega} = 0.062$ s.

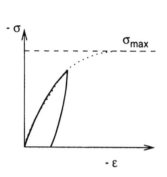

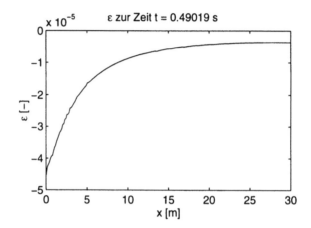

Abbildung 4.19: Stoffgesetz nach DIERSSEN (1994)
Figure 4.19: Stress-strain curve after DIERSSEN (1994)

Abbildung 4.20: Bleibende Dehnungen im Stab für das Stoffgesetz nach DIERSSEN (1994)
Figure 4.20: Permanent strains in a bar with the stress-strain curve of fig. 4.19

Der Verlauf der Dehnungen in Abbildung 4.20 ist qualitativ ähnlich dem Verlauf der Dehnungen für das einfache Stoffgesetz in Abbildung 4.16.

4.5.3   Erste grobe Abschätzung der Verdichtungswirkung
Estimation of the compaction success

Wir wollen nun mit den bisherigen Kenntnissen ein wenig zaubern und versuchen, eine Abschätzung der Verdichtungswirkung im realen (dreidimensionalen) Fall nach einer gewissen Rüttelzeit zu erhalten.

Aus der Elastodynamik des Bodens wissen wir, daß die Scher- und Kompressionswellen im Halbraum mit $1/r$ abklingen (HAUPT, 1986b, S. 70). Das wird als geometrische Dämpfung bezeichnet. Die Amplitude der Kompressionswelle klingt unter eine Kreisplatte mit dem Radius r_0 in Richtung r mit $A(r) = A(r_0)\frac{r_0}{r}$ ab. Damit klingen die volumetrischen Dehnungen $\varepsilon_{vol}^{3D}(r)$ im gleichen Maße ab.

Im anelastischen eindimensionalen Fall ist die berechnete bleibende Dehnung $\varepsilon^{1D}(x)$ gleich der volumetrischen Dehnung, da wir ödometrische Verhältnisse (keine Querverformung, E-Module für behinderte Seitendehnung) betrachtet haben. Die Übertragung dieser Verteilung der Dehnung in den Halbraum schätzen wir durch eine Überlagerung mit der geometrischen Dämpfung ab

$$\varepsilon_{vol}^{3D}(x) = \varepsilon^{1D}(x)\left(\frac{r_0}{x}\right) \quad ,$$

mit dem Radius r_0 des Rüttlers, und $x = r$ dem Abstand vom Rüttelzentrum.

Für die eindimensionale Dehnungsverteilung verwenden wir eine Näherung für die analytisch erhaltene „bleibende" Dehnung. Die Näherung ist eine Hyperbelfunktion, die durch die ersten beiden Punkte der getreppten Dehnungsverteilung geht.

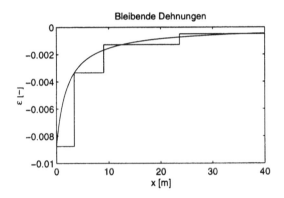

Abbildung 4.21: Näherung der Dehnungsverteilung

Figure 4.21: Distribution of permanent strain along the bar (numerically)

Diese Hyperbel hat die Formel

$$\varepsilon^{1D}(x) = \sigma_1 \frac{E_2 - E_1}{E_2 E_1} \frac{1}{\dfrac{2x}{bt_1} + 1}$$

und liefert für Steifigkeiten $E_2 \approx 4E_1 \ldots 15E_1$ im Bereich $x < 15$ m eine akzeptable Annäherung an die Treppenfunktion. Realistische Stoffgesetze, wie das vorher behandelte (Abbildung 4.19) , zeigen ja auch keine Treppenfunktion sondern einen glatten Verlauf der bleibenden Dehnung (Abbildung 4.20).

Die Verteilung der volumetrischen Dehnung im Halbraum erhält damit die Form einer quadratischen Hyperbel, das heißt die Dehnung klingt mit $1/x^2$ ab. Messungen der Amplitude der Schwingungen im Boden von POTEUR (1971) zeigen eine Abnahme der Amplitude in ähnlicher Form (vgl. Gleichung 1.1, Seite 22). Damit ist diese Dehnungsverteilung realistisch.

Somit haben wir die Dehnung für einen Belastungszyklus abgeschätzt. Aus zyklischen Ödometerversuchen hat man gefunden, daß die Dehnung für N Zyklen aus der Dehnung des ersten Zyklus abgeschätzt werden kann (O'RIORDAN, 1991, S. 419)

$$\varepsilon(N) \approx \varepsilon(N-1)\, 1.5^{\ln N} \quad .$$

Wir nehmen nun an, daß diese zyklische Zunahme in jeder Entfernung entsprechend gilt. Damit wird der Verlauf der Dehnungen nach N Zyklen zu:

$$\varepsilon_N(x) := \varepsilon_{vol}^{3D}(x,N) = \sigma_1 \frac{E_2 - E_1}{E_2 E_1} \frac{1}{\frac{2x}{bt_1}+1} \left(\frac{r_0}{x}\right) 1.5^{\ln N}$$

Aus diesem Verlauf kann bei gegebener Anfangsporenzahl e_0 die Porenzahl e_N nach N Zyklen ermittelt werden:

$$e_N(x) := e_0 + (1+e_0)\varepsilon_N(x) \qquad (4.20)$$

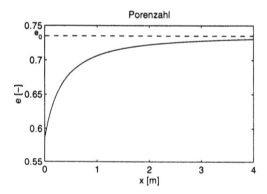

Abbildung 4.22: Näherung der Porenzahl nach 0.5 min Rütteln mit einem V42

Figure 4.22: Void ratio distribution after 0.5 min vibrating with a V42 vibrator (equation 4.20)

Diese Abschätzung ist für einen Rüttler V42, bei einer angenommen übertragenen Kraft auf den Boden[16] von 175 kN, nach einer halben Minute Rüttelzeit (750 Zyklen) in Abbildung 4.22 dargestellt. Die Erstbelastungsteifigkeit ist $E_1 = 20$ MN/m^2, die Wiederbelastungsteifigkeit ist $E_2 = 5E_1$, die Dichte ist $\varrho = 1528$ kg/m^3 für einen Sand mit der Porenzahl $e_0 = 0.735$.

Abbildung 4.22 zeigt einen recht realistischen Verlauf der Porenzahl. Man könnte obige Berechnung nun zur Vorabschätzung der Verdichtungswirkung benutzen, indem man z.B. E_1 und E_2 mit einem Lastplattenversuch ermittelt.

---

[16]Diese Kraft wird ungefähr als verteilte Dreieckslast über die Länge l des Rüttlers in den Boden geleitet. Die Spannung im unteren Bereich des Rüttlers, in dem vor allem verdichtet wird, kann somit mit $\sigma_1 = 2\frac{F}{lD}$ abgeschätzt werden, worin D der Durchmesser des Rüttlers ist.

4.6 Numerik
Numerics

In dieser Arbeit wird ein numerisches Verfahren verwendet, das zur Lösung von Bilanzgleichungen besonders gut geeignet ist. Es kann aufgrund seines Lösungsalgorithmus speziell gut mit Schockfronten umgehen, ohne irgendwelche besonderen „künstlichen" numerischen Dämpfungen[17] zu verwenden. Solche zusätzlichen numerischen Dämpfungen sind in den üblichen Finite Differenzen oder Finite Elemente Programmen eingebaut, um das Überschwingen der Lösung an der Schockfront auszudämpfen. Das kann aber bei komplizierten Problemen zu völlig falschen Lösungen führen.

Ich möchte das Verfahren gleich an dem Spezialfall der eindimensionalen Wellengleichung erklären, da dies leichter vorzustellen ist. Eine allgemeine Beschreibung ist in LE VEQUE (1992) zu finden.

Wir diskretisieren den Raum in Teile $h = \Delta x$ und die Zeit in Teile $k = \Delta t$. Damit sind die Gitterpunkte:

$$x_j = jh, \quad j = \ldots, -1, 0, 1, 2, ..$$

und die Zeitschritte:

$$t_n = nk, \quad n = 0, 1, 2, ..$$

Wir benötigen noch Punkte zwischen den Gitterpunkten, die sogenannten Zellgrenzen

$$
\begin{aligned}
x_{j+1/2} &= x_j + \frac{h}{2} = \left(j + \frac{1}{2}\right)h \\
x_{j-1/2} &= x_j - \frac{h}{2} = \left(j - \frac{1}{2}\right)h \quad .
\end{aligned}
$$

In den Zellen definieren wir den numerischen Wert[18] zur Zeit t_n als den Mittelwert der Lösung (Abbildung 4.23)

$$Q_j^n := \frac{1}{h} \int_{x_{j-1/2}}^{x_{j+1/2}} q(x, t_n)dx \quad .$$

---

[17]Die meisten numerische Methoden haben eine durch das Verfahren verursachte Dämpfung. Für Finite Differenzen ist das z.B. in SOD (1985, S.153-155) gezeigt. Gemeint sind hier aber zusätzlich eingeführte Dämpfungen, wie viskose oder geometrische Dämpfungen.

[18]Der stückweise konstante numerische Wert Q wird zur Unterscheidung vom kontinuierlichen realen Wert q mit einem Großbuchstaben bezeichnet. Weiters werden wir noch die Variable $\bar{q}$ verwenden. Sie beschreibt die Entwicklung einer gedachten realen Lösung der Wellengleichung mit den numerischen Werten Q als Anfangsbedingung.

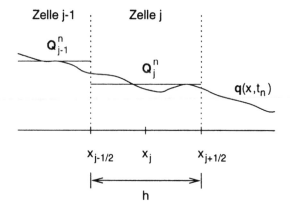

Abbildung 4.23: Diskretisierung

Figure 4.23: Spatial discretisation along the one-dimensional bar: numerical values **Q** *as mean values of the "real" quantities* **q**

Diese Definition ist günstig, weil Bilanzgleichungen die zeitliche Entwicklung solcher Integrale beschreiben.

4.6.1   Das Verfahren von Godunov
Godunov's method

Im Jahre 1959 veröffentlichte GODUNOV eine Methode, die Information aus den Charakteristiken zur Lösung von Bilanzgleichungen in der Gasdynamik zu verwenden. Es wird nicht entlang der Charakteristiken integriert, sondern eine Serie von Riemannproblemen in der Zeit voranschreitend gelöst.

Im Verfahren von GODUNOV benutzen wir die numerische Lösung $\mathbf{Q}^n$, um eine stückweise konstante Funktion $\tilde{\mathbf{q}}^n(x, t_n)$ mit dem Wert von $\mathbf{Q}_j^n$ in der Zelle $x_{j-1/2} < x < x_{j+1/2}$ zu definieren. Zur Zeit t_n stimmen die beiden Verläufe überein (Abbildung 4.24a). Wir benutzen jetzt die Werte der Funktion $\tilde{\mathbf{q}}^n(x, t_n)$ als Anfangswerte für unsere Wellengleichung. Wir können die Wellengleichung in einem kurzen Zeitschritt exakt lösen, indem wir eine Superposition der Lösungen der Riemannprobleme an den Zellgrenzen berechnen. Dies gilt solange der Zeitschritt kleiner als die Laufzeit der Wellen durch die Zellen ist. Somit erhalten wir die Lösung $\tilde{\mathbf{q}}^n(x, t_{n+1})$ (Abbildung 4.24b).

Wir definieren nun die Näherungslösung $\mathbf{Q}^{n+1}$ zur Zeit t_{n+1} als Mittelwert der exakten Lösung zur Zeit t_{n+1} über die Zelle (Abbildung 4.24c):

$$\mathbf{Q}_j^{n+1} := \frac{1}{h} \int_{x_{j-1/2}}^{x_{j+1/2}} \tilde{\mathbf{q}}^n(x, t_{n+1})\, dx \qquad (4.21)$$

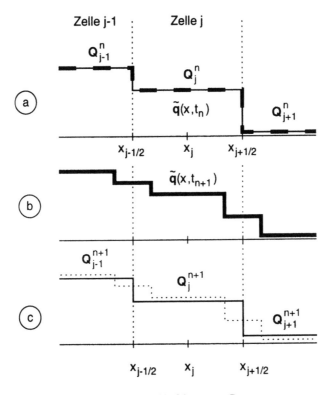

Abbildung 4.24: Zum Verfahren von GODUNOV

Figure 4.24: GODUNOVs method: The discontinuities at the interfaces between each cells are considered as individual Riemann problems leading to new discontinuities at time $n + 1$

Diese Werte werden wieder benutzt, um eine neue stückweise konstante Funktion $\tilde{q}^{n+1}(x, t_{n+1})$ zu definieren, und das Verfahren kann fortgesetzt werden.

Die praktische Berechnung vereinfacht sich sehr, da der jeweilige Zellmittelwert (4.21) leicht mit Hilfe der allgemeinen Integralform der Bilanzgleichung berechnet werden kann. Nachdem $\tilde{q}^n$ die Lösung einer Bilanzgleichung ist, wissen wir (vergleiche Gleichung 4.6, Seite 86):

$$\int_{x_{j-1/2}}^{x_{j+1/2}} \tilde{q}^n(x, t_{n+1})dx = \int_{x_{j-1/2}}^{x_{j+1/2}} \tilde{q}^n(x, t_n) + \int_{t_n}^{t_{n+1}} f\left(\tilde{q}^n(x_{j-1/2}, t)\right)dt$$

$$- \int_{t_n}^{t_{n+1}} f\left(\tilde{q}^n(x_{j+1/2}, t)\right)dt$$

Im Spezialfall der linear-elastischen Wellengleichung (4.10, S 88) ist das:

$$\int_{x_{j-1/2}}^{x_{j+1/2}} \tilde{q}^n(x, t_{n+1})dx = \int_{x_{j-1/2}}^{x_{j+1/2}} \tilde{q}^n(x, t_n) + \int_{t_n}^{t_{n+1}} A\tilde{q}^n(x_{j-1/2}, t)dt$$

$$- \int_{t_n}^{t_{n+1}} \mathbf{A}\tilde{\mathbf{q}}^n(x_{j+1/2}, t)\,dt$$

Dividieren wir nun durch h, und benützen $\tilde{\mathbf{q}}^n(x, t_n) \equiv \mathbf{Q}_j^n$ in der Zelle j, so erhalten wir die Formulierung

$$\mathbf{Q}_j^{n+1} = \mathbf{Q}_j^n - \frac{k}{h}\Big[\mathbf{F}(\mathbf{Q}_j^n, \mathbf{Q}_{j+1}^n) - \mathbf{F}(\mathbf{Q}_{j-1}^n, \mathbf{Q}_j^n)\Big]$$

worin die numerische Flußfunktion $\mathbf{F}$ durch

$$\mathbf{F}(\mathbf{Q}_j^n, \mathbf{Q}_{j+1}^n) = \frac{1}{k}\int_{t_n}^{t_{n+1}} \mathbf{f}\Big(\tilde{\mathbf{q}}^n(x_{j+1/2}, t)\Big)\,dt$$

gegeben ist.

Wir wissen, daß der Wert $\tilde{\mathbf{q}}^n(x_{j+1/2}, t)$ an der Zellgrenze lediglich von der Lösung des Riemannproblemes abhängt, aber ansonsten über das Zeitintervall $[t_n, t_{n+1}]$ konstant bleibt (vgl. Abschnitt 4.2.2). Wir benennen diesen Wert an der Zellgrenze mit $\mathbf{q}^\star(\mathbf{Q}_j^n, \mathbf{Q}_{j+1}^n)$. Damit wird die Lösung des Zeitintegrals einfach

$$\mathbf{F}(\mathbf{Q}_j^n, \mathbf{Q}_{j+1}^n) = \mathbf{f}\Big(\mathbf{q}^\star(\mathbf{Q}_j^n, \mathbf{Q}_{j+1}^n)\Big) \quad,$$

und das Verfahren von GODUNOV läßt sich schreiben:

$$\mathbf{Q}_j^{n+1} = \mathbf{Q}_j^n - \frac{k}{h}\Big[\mathbf{f}\Big(\mathbf{q}^\star(\mathbf{Q}_j^n, \mathbf{Q}_{j+1}^n)\Big) - \mathbf{f}\Big(\mathbf{q}^\star(\mathbf{Q}_{j-1}^n, \mathbf{Q}_j^n)\Big)\Big]$$

Im Spezialfall der linear-elastischen Wellengleichung (4.10, S 88) ist das:

$$\mathbf{Q}_j^{n+1} = \mathbf{Q}_j^n - \frac{k}{h}\Big[\mathbf{A}\mathbf{q}^\star(\mathbf{Q}_j^n, \mathbf{Q}_{j+1}^n) - \mathbf{A}\mathbf{q}^\star(\mathbf{Q}_{j-1}^n, \mathbf{Q}_j^n)\Big]$$

Das obige Schema ist nur für genügend kleine Zeitschritte gültig. Keine der Wellen mit den Wellengeschwindigkeiten λ_p darf in einem Zeitschritt k durch die Zellen laufen, das heißt sie dürfen die Distanz h nicht überwinden. Ansonsten gilt die Annahme des konstanten Wertes $\tilde{\mathbf{q}}^n(x_{j+1/2}, t)$ nicht mehr, da Wellen von den Nachbarrändern ankommen. Es muß also gelten

$$\left|\frac{k}{h}\lambda_p(\mathbf{Q}_j^n)\right| \le 1 \quad,$$

für alle Eigenwerte λ_p in allen Zellen, die von den aktuellen Werten $\mathbf{Q}_j^n$ abhängen können. Das Maximum dieses Wertes über den gesamten Bereich wird die *Courant-Ziffer* genannt.

Für die linear-elastische Wellenausbreitung sind die beiden Eigenwerte konstant gleich $\pm c$ und die Bedingung vereinfacht sich auf

$$\frac{k}{h}c \leq 1 \quad .$$

Das ist die sogenannte CFL-Bedingung[19].

Für die spätere Anwendung benötigen wir noch eine weitere Betrachtung. Wir unterscheiden zwischen den Wellen, die nach links gehen (-), und den Wellen, die nach rechts gehen (+). Für die Wellengleichung gilt nach unserer getroffenen Anordnung $\lambda_1 = -c < 0$ und $\lambda_2 = c > 0$

$$\Lambda^- = \begin{bmatrix} \lambda_1 & 0 \\ 0 & 0 \end{bmatrix} \quad , \quad \Lambda^+ = \begin{bmatrix} 0 & 0 \\ 0 & \lambda_2 \end{bmatrix} \quad , \quad \Lambda^+ + \Lambda^- = \Lambda \quad .$$

Damit definieren wir eine Aufspaltung der Matrix $\mathbf{A}$

$$\mathbf{A}^- = \mathbf{R}\Lambda^-\mathbf{R}^{-1} \quad , \quad \mathbf{A}^+ = \mathbf{R}\Lambda^+\mathbf{R}^{-1} \quad , \quad \mathbf{A}^+ + \mathbf{A}^- = \mathbf{A} \quad .$$

Für die linear-elastische Wellengleichung ist nach Gleichung 4.11

$$\mathbf{q}^\star(\mathbf{Q}_j^n, \mathbf{Q}_{j+1}^n) = \mathbf{Q}_j^n + (\alpha_1 \mathbf{r}_1)_{j,j+1}^n = \mathbf{Q}_{j+1}^n - (\alpha_2 \mathbf{r}_2)_{j,j+1}^n \quad ,$$

worin das etwas kryptische $j, j+1$ bedeutet, daß es sich um die Lösung des Riemannproblems an der Grenze zwischen den Zellen j und $j+1$ handelt.

Damit wird der Fluß im GODUNOV Verfahren[20]

$$\begin{aligned} \mathbf{F}(\mathbf{Q}_j^n, \mathbf{Q}_{j+1}^n) &= \mathbf{A}\mathbf{q}^\star(\mathbf{Q}_j^n, \mathbf{Q}_{j+1}^n) \\ &= \mathbf{A}\mathbf{Q}_j^n + (\alpha_1\lambda_1\mathbf{r}_1)_{j,j+1}^n = \mathbf{A}\mathbf{Q}_{j+1}^n - (\alpha_2\lambda_2\mathbf{r}_2)_{j,j+1}^n \\ &= \mathbf{A}\mathbf{Q}_j^n + \mathbf{A}^-(\mathbf{Q}_{j+1}^n - \mathbf{Q}_j^n) = \mathbf{A}\mathbf{Q}_{j+1}^n - \mathbf{A}^+(\mathbf{Q}_{j+1}^n - \mathbf{Q}_j^n) \end{aligned}$$

---

[19]COURANT, FRIEDRICHS, und LEWY

[20]Wir benutzen hier:

$$\begin{bmatrix} \alpha_1 \\ \alpha_2 \end{bmatrix} = \mathbf{R}^{-1}\Delta\mathbf{Q}_{j,j+1}^n = \mathbf{R}^{-1}(\mathbf{Q}_{j+1}^n - \mathbf{Q}_j^n)$$

Damit sieht man ganz, daß

$$\begin{aligned} \mathbf{A}^-(\mathbf{Q}_{j+1}^n - \mathbf{Q}_j^n) &= \mathbf{R}\Lambda^-\mathbf{R}^{-1}\Delta\mathbf{Q}_{j,j+1}^n = \mathbf{R}\Lambda^- \begin{bmatrix} \alpha_1 \\ \alpha_2 \end{bmatrix} \\ &= [\mathbf{r}_1, \mathbf{r}_2] \begin{bmatrix} \lambda_1 & 0 \\ 0 & 0 \end{bmatrix} \begin{bmatrix} \alpha_1 \\ \alpha_2 \end{bmatrix} = \alpha_1\lambda_1\mathbf{r}_1 \quad . \end{aligned}$$

Wir wählen den ersten Ausdruck für $\mathbf{F}(\mathbf{Q}_j^n, \mathbf{Q}_{j+1}^n)$ und nehmen den zweiten, um $\mathbf{F}(\mathbf{Q}_{j-1}^n, \mathbf{Q}_j^n)$ zu definieren:

$$\mathbf{F}(\mathbf{Q}_j^n, \mathbf{Q}_{j+1}^n) = \mathbf{A}\mathbf{Q}_j^n + \mathbf{A}^-(\mathbf{Q}_{j+1}^n - \mathbf{Q}_j^n)$$
$$\mathbf{F}(\mathbf{Q}_{j-1}^n, \mathbf{Q}_j^n) = \mathbf{A}\mathbf{Q}_j^n - \mathbf{A}^+(\mathbf{Q}_j^n - \mathbf{Q}_{j-1}^n)$$

Damit kann man das Verfahren umschreiben

$$\mathbf{Q}_j^{n+1} = \mathbf{Q}_j^n - \frac{k}{h}\Big[\mathbf{F}(\mathbf{Q}_j^n, \mathbf{Q}_{j+1}^n) - \mathbf{F}(\mathbf{Q}_{j-1}^n, \mathbf{Q}_j^n)\Big]$$
$$= \mathbf{Q}_j^n - \frac{k}{h}\Big[\mathbf{A}^-(\mathbf{Q}_{j+1}^n - \mathbf{Q}_j^n) + \mathbf{A}^+(\mathbf{Q}_j^n - \mathbf{Q}_{j-1}^n)\Big] \qquad (4.22)$$

4.6.2   Beispiel: linear-elastische Welle
Example: linear-elastic wave

Als Beispiel möchte ich hier die Ausbreitung eines Spannungssprunges an der Zellgrenze zwischen den Zellen j und $j+1$ in Abbildung 4.25 betrachten.

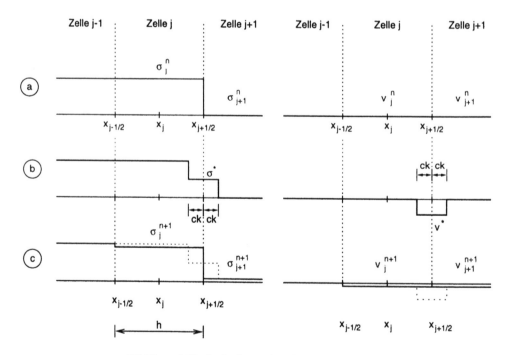

Abbildung 4.25: Ausbreitung eines Spannungsschockes

Figure 4.25: Propagation of a stress shock in elastic bar (explanation of GODUNOV*'s method*

$$\mathbf{Q}_j^n = \begin{bmatrix} v_j^n \\ \sigma_j^n \end{bmatrix} = \begin{bmatrix} 0 \\ \sigma \end{bmatrix} \quad , \quad \mathbf{Q}_{j+1}^n = \begin{bmatrix} 0 \\ 0 \end{bmatrix} \quad , \quad \Delta\mathbf{Q} = \mathbf{Q}_{j+1}^n - \mathbf{Q}_j^n = \begin{bmatrix} 0 \\ -\sigma \end{bmatrix}$$

Wir lösen nun das Problem mit Hilfe der Impulsgleichung in Sprungform wie in Abschnitt 4.5.2 gezeigt und vergleichen das Ergebnis mit dem Verfahren von GO-DUNOV.

Die Spannung $\sigma^\star := \sigma(x_{j+1/2}, t)$ und die Geschwindigkeit $v^\star := v(x_{j+1/2}, t)$ an der Zellgrenze $x_{j+1/2}$ folgen aus der Sprungbedingung für die mit der Wellenge-schwindigkeit $c = \sqrt{E/\varrho}$ nach rechts laufende Front (vergleiche Abbildung 4.25b)

$$\sigma^\star - 0 = -\varrho c(v^\star - 0)$$

und für die nach links laufende Front

$$\sigma^\star - \sigma = \varrho c(v^\star - 0) \quad .$$

Sie sind konstant über die Zeit und haben die Werte:

$$v^\star = -\frac{1}{2}\frac{\sigma}{\varrho c} = -\frac{1}{2}c\frac{\sigma}{E}$$

$$\sigma^\star = \frac{1}{2}\sigma$$

Nach einer Zeit k sind die beiden Fronten ck weit in die Zellen eingedrungen. Das Mittel der Geschwindigkeit und der Spannung in der Zelle j ist dann:

$$v_j^{n+1} = -\frac{1}{2}\frac{k}{h}c^2\frac{\sigma}{E}$$

$$\sigma_j^{n+1} = \sigma - \frac{1}{2}\frac{k}{h}c\sigma$$

Für das Verfahren von GODUNOV müssen wir zunächst das Riemannproblem wie in Abschnitt 4.2.2 an der Zellgrenze mit den Eigenwerten $\lambda_1 = -c = -\sqrt{E/\varrho}$, $\lambda_2 = c = \sqrt{E/\varrho}$ und den Eigenvektoren der linear-elastischen Wellengleichung lösen.

$$\boldsymbol{\Lambda} = \begin{bmatrix} -c & 0 \\ 0 & c \end{bmatrix} \quad , \quad \mathbf{R} = \begin{bmatrix} c & -c \\ E & E \end{bmatrix} \quad , \quad \mathbf{R}^{-1} = \frac{1}{2}\begin{bmatrix} 1/c & 1/E \\ -1/c & 1/E \end{bmatrix} \quad .$$

Wir erhalten die Koeffizienten $\alpha_{1,2}$ der Darstellung des Sprunges in Eigenvektoren aus

$$\mathbf{R}^{-1}\Delta\mathbf{Q} = \begin{bmatrix} \alpha_1 \\ \alpha_2 \end{bmatrix} = -\frac{1}{2}\begin{bmatrix} \sigma/E \\ \sigma/E \end{bmatrix} \quad .$$

Die Riemannlösung an der rechten Zellgrenze ist nach Gleichung 4.11, Seite 93

$$
\begin{aligned}
\mathbf{q}^\star(\mathbf{Q}_j^n, \mathbf{Q}_{j+1}^n) &= \mathbf{Q}_j^n + \alpha_1 \mathbf{r}_1 = \begin{bmatrix} 0 \\ \sigma \end{bmatrix} - \frac{1}{2}\frac{\sigma}{E}\begin{bmatrix} c \\ E \end{bmatrix} = \frac{1}{2}\begin{bmatrix} -c\sigma/E \\ \sigma \end{bmatrix} \\
&= \mathbf{Q}_{j+1}^n - \alpha_2 \mathbf{r}_2 = \begin{bmatrix} 0 \\ 0 \end{bmatrix} + \frac{1}{2}\frac{\sigma}{E}\begin{bmatrix} -c \\ E \end{bmatrix} = \frac{1}{2}\begin{bmatrix} -c\sigma/E \\ \sigma \end{bmatrix} .
\end{aligned}
$$

An der linken Zellgrenze gibt es keinen Sprung, deshalb bleibt die Lösung konstant:

$$
\mathbf{q}^\star(\mathbf{Q}_{j-1}^n, \mathbf{Q}_j^n) = \begin{bmatrix} 0 \\ \sigma \end{bmatrix}
$$

Die numerischen Flüsse sind:

$$
\begin{aligned}
\mathbf{F}(\mathbf{Q}_j^n, \mathbf{Q}_{j+1}^n) &= \mathbf{A}\mathbf{q}^\star(\mathbf{Q}_j^n, \mathbf{Q}_{j+1}^n) \\
&= \begin{bmatrix} 0 & -1/\varrho \\ -E & 0 \end{bmatrix} \frac{1}{2}\begin{bmatrix} -c\sigma/E \\ \sigma \end{bmatrix} = \frac{1}{2}\begin{bmatrix} -\sigma/\varrho \\ c\sigma \end{bmatrix} \\
&= \frac{1}{2}c\begin{bmatrix} -c\sigma/E \\ \sigma \end{bmatrix} \\
\mathbf{F}(\mathbf{Q}_{j-1}^n, \mathbf{Q}_j^n) &= \mathbf{A}\mathbf{q}^\star(\mathbf{Q}_{j-1}^n, \mathbf{Q}_j^n) \\
&= \begin{bmatrix} 0 & -1/\varrho \\ -E & 0 \end{bmatrix}\begin{bmatrix} 0 \\ \sigma \end{bmatrix} = \begin{bmatrix} -\sigma/\varrho \\ 0 \end{bmatrix} = c\begin{bmatrix} -c\sigma/E \\ 0 \end{bmatrix}
\end{aligned}
$$

Die Lösung zur Zeit t_{n+1} ergibt sich aus

$$
\begin{aligned}
\mathbf{Q}_j^{n+1} &= \mathbf{Q}_j^n - \frac{k}{h}\Big[\mathbf{F}(\mathbf{Q}_j^n, \mathbf{Q}_{j+1}^n) - \mathbf{F}(\mathbf{Q}_{j-1}^n, \mathbf{Q}_j^n)\Big] \\
&= \begin{bmatrix} 0 \\ \sigma \end{bmatrix} - c\frac{k}{h}\frac{1}{2}\begin{bmatrix} -c\sigma/E \\ \sigma \end{bmatrix} + c\frac{k}{h}\frac{1}{2}\begin{bmatrix} -c\sigma/E \\ 0 \end{bmatrix} \\
&= \begin{bmatrix} -\dfrac{1}{2}\dfrac{k}{h}c^2\dfrac{\sigma}{E} \\[2ex] \sigma - \dfrac{1}{2}\dfrac{k}{h}c\sigma \end{bmatrix} ,
\end{aligned}
$$

und ist die gleiche wie zuerst direkt aus den Sprungbedingungen und Ausbreitung der Wellenfronten ermittelt.

4.6.3 Das Riemannproblem mit hypoplastischem Stoffgesetz
The Riemann problem for hypoplastic materials

Hier wird ein näherungsweiser Riemannlöser für das hypoplastische Stoffgesetz vorgestellt.

Hypoplastisches Stoffgesetz

Die allgemeine Formulierung eines hypoplastischen Stoffgesetzes lautet

$$\overset{\circ}{\mathbf{T}} = \mathbf{h}(\mathbf{T}, \mathbf{D}, e) \quad .$$

Die ZAREMBA-JAUMAN-Spannungsrate[21] $\overset{\circ}{\mathbf{T}}$ ist eine Funktion der CAUCHY-Spannung $\mathbf{T}$, der Deformationsrate $\mathbf{D}$ und der Porenzahl e (vgl. HERLE, 1997, S 17 ff).

Im eindimensionalen Fall ist die objektive Spannungsrate gleich der Zeitableitung der Spannung und die Deformationsrate gleich der Zeitableitung der Dehnung. Die Beziehung vereinfacht sich dadurch auf

$$\partial_2 \sigma(x,t) = h\Big(\sigma(x,t), \partial_2 \varepsilon(x,t), e(x,t)\Big) \quad .$$

Mit Hilfe der Kompatibilitätsbedingung (4.9) ersetzen wir $\partial_2 \varepsilon(x,t)$ durch $\partial_1 v(x,t)$ und erhalten die eindimensionale hypoplastische Wellengleichung für kleine Geschwindigkeiten:

$$\begin{aligned}
\partial_2 v(x,t) &= \frac{1}{\varrho(x,t)} \partial_1 \sigma(x,t) \\
\partial_2 \sigma(x,t) &= h\Big(\sigma(x,t), \partial_1 v(x,t), e(x,t)\Big)
\end{aligned}$$

Die Lösbarkeit des Riemannproblems dieser Gleichungen ist in dieser Allgemeinheit nicht bewiesen. Unter der einschneidenden Vereinfachung, daß h nicht von der Spannung σ abhängt, zeigen SCHEARER und SCHAEFFER (1996) mathematisch exakt die Existenz der Lösung des Riemannproblems.

Hier möchte ich eine Annäherung an die exakte Lösung versuchen. Die nichtlineare Funktion h soll in einem kleinen Zeitschritt durch eine lineare Funktion, die Steifigkeit E, ersetzt werden. Das kann, um sich eine einfache Vorstellung machen zu können, die Tangentensteifigkeit im aktuellen Zeitschritt sein[22]. Das Riemannproblem wird dann in der Diskretisierung für räumlich stückweise und im Zeitschritt t^n konstante Materialeigenschaften gelöst. Während eines Zeitschrittes werden also die Werte von ϱ und E zur Berechnung der Riemannlösung konstant gehalten. Am Ende des Zeitschrittes werden ϱ und E wieder auf den aktuellen Wert gebracht. Wir lösen also in jedem Zeitschritt die lineare elastischen Wellengleichung, lediglich mit verschiedenen Dichten und Steifigkeiten in den Zellen.

---

[21]Dies ist eine der vielen möglichen objektiven Spannungsraten.

[22]Wir werden später feststellen, daß es besser ist, die Sekantensteifigkeit zu verwenden. Um die richtige Sekantensteifigkeit zu ermitteln, muß die Lösung am Ende des Zeitschrittes bekannt sein. Das führt dann zu einem iterativen Lösungsalgorithmus.

Damit wird die Wellengleichung zu

$$\partial_2 v(x, t) = \frac{1}{\varrho(x, t)} \partial_1 \sigma(x, t)$$

$$\partial_2 \sigma(x, t) = E\big(\sigma(x, t), \partial_1 v(x, t), e(x, t)\big) \cdot \partial_1 v(x, t)$$

oder in Matrizenform

$$\partial_2 \mathbf{q}(x, t) + \mathbf{A}(\mathbf{q}, x, t)\partial_1 \mathbf{q}(x, t) = \mathbf{0}$$

mit

$$\mathbf{q}(x, t) = \begin{bmatrix} v(x, t) \\ \sigma(x, t) \end{bmatrix} \quad , \quad \mathbf{A}(\mathbf{q}, x, t) = \begin{bmatrix} 0 & -1/\varrho(x, t) \\ -E(\mathbf{q}, x, t) & 0 \end{bmatrix} \quad .$$

In der diskretisierten Form ist das ein stückweise lineares Gleichungssystem, für das eine Lösung des Riemannproblems existiert, welche nun besprochen wird.

Das Riemannproblem in der Diskretisierung

Wir betrachten die Zellen $j - 1$ und j zur Zeit t_n. An der Grenze der beiden Zellen tritt ein Sprung in der Lösung $\Delta \mathbf{Q}^n_{j-1,j} = \mathbf{Q}^n_j - \mathbf{Q}^n_{j-1}$ auf.

Die Zelle j hat die aktuellen Materialeigenschaften ϱ^n_j und $E^n_j(\mathbf{Q}^n_j)$ und damit ist

$$\mathbf{A}^n_j = \begin{bmatrix} 0 & -1/\varrho^n_j \\ -E^n_j & 0 \end{bmatrix} \quad , \quad \mathbf{\Lambda}^n_j = \begin{bmatrix} -c^n_j & 0 \\ 0 & c^n_j \end{bmatrix} \quad , \quad \mathbf{R} = \begin{bmatrix} c^n_j & -c^n_j \\ E^n_j & E^n_j \end{bmatrix} \quad ,$$

mit

$$c^n_j = \sqrt{\frac{E^n_j}{\varrho^n_j}} \quad .$$

Analoges gilt für Zelle $j - 1$.

Der Sprung in der Lösung $\Delta \mathbf{Q}^n_{j-1,j}$ wird nun in den entsprechenden Eigenvektoren $\mathbf{r}_1$ und $\mathbf{r}_2$ der Zellen dargestellt, wobei die zugehörigen Eigenwerte angeordnet sind $\lambda_1 < 0$ und $\lambda_2 > 0$. Von der Grenze zwischen den Zellen läuft eine Welle $\alpha_1 \mathbf{r}_1{}^n_{j-1}$ mit der Wellengeschwindigkeit $\lambda_1{}^n_{j-1} = -c^n_{j-1}$ nach links in die Zelle $j - 1$, und eine Welle $\alpha_2 \mathbf{r}_2{}^n_j$ mit der Wellengeschwindigkeit $\lambda_2{}^n_{j-1} = c^n_j$ nach rechts in die Zelle j. Dies ist anschaulich in Abbildung 4.26 dargestellt.

An der Zellgrenze gilt (in Verallgemeinerung der Gleichung 4.11, Seite 93)

$$\mathbf{q}^\star = \mathbf{Q}^n_{j-1} + \alpha_1 \mathbf{r}_1{}^n_{j-1} = \mathbf{Q}^n_j - \alpha_2 \mathbf{r}_2{}^n_j \quad .$$

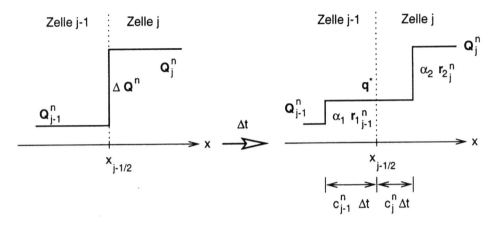

Abbildung 4.26: Riemannproblem mit verschiedenen Zelleigenschaften

Figure 4.26: Riemann problem with different cell properties E and ϱ: right-going wave moves into cell j with velocity $c_j^n = \sqrt{E_j^n/\varrho_j^n}$, left-going waves moves into cell $j-1$ with velocity $-c_{j-1}^n = -\sqrt{E_{j-1}^n/\varrho_{j-1}^n}$.

Die Summe der Wellen, die von der Zellgrenze weglaufen, ist also gleich dem Sprung der Lösung

$$\alpha_1 r_{1j-1}^n + \alpha_2 r_{2j}^n = \Delta Q_{j-1,j}^n \quad .$$

Daraus können die Koeffizienten α_1 und α_2 ermittelt werden

$$\alpha_1 \begin{bmatrix} c_{j-1}^n \\ E_{j-1}^n \end{bmatrix} + \alpha_2 \begin{bmatrix} -c_j^n \\ E_j^n \end{bmatrix} = \begin{bmatrix} c_{j-1}^n & -c_j^n \\ E_{j-1}^n & E_j^n \end{bmatrix} \begin{bmatrix} \alpha_1 \\ \alpha_2 \end{bmatrix} = \begin{bmatrix} \Delta v_{j-1,j}^n \\ \Delta \sigma_{j-1,j}^n \end{bmatrix}$$

$$\alpha_1 = \frac{c_j^n \Delta \sigma_{j-1,j}^n + E_j^n \Delta v_{j-1,j}^n}{c_{j-1}^n E_j^n + c_j^n E_{j-1}^n} \quad , \quad \alpha_2 = \frac{-c_{j-1}^n \Delta \sigma_{j-1,j}^n + E_{j-1}^n \Delta v_{j-1,j}^n}{c_{j-1}^n E_j^n + c_j^n E_{j-1}^n} \quad .$$

Die im Verfahren von GODUNOV in Gleichung 4.22 benötigten Flüsse sind:

$$\mathbf{A}^-(\mathbf{Q}_j^n - \mathbf{Q}_{j-1}^n) = \alpha_1 c_{j-1}^n \begin{bmatrix} c_{j-1}^n \\ E_{j-1}^n \end{bmatrix}$$

$$\mathbf{A}^+(\mathbf{Q}_j^n - \mathbf{Q}_{j-1}^n) = \alpha_2 c_j^n \begin{bmatrix} c_j^n \\ E_j^n \end{bmatrix}$$

Dieser Riemannlöser wurde in das **Programmpaket CLAWPACK** implementiert.

4.6.4   CLAWPACK

Das Programmpaket CLAWPACK (LE VEQUE, 1994) löst hyperbolische Gleichungen vom Typ

$$\partial_2 \mathbf{q}(x,t) + \mathbf{A}(\mathbf{q},x,t)\partial_1 \mathbf{q}(x,t) = \mathbf{0}$$

in ein oder zwei Dimensionen mit rechteckigen Netzen. Es ist konzeptionell für die Lehre gedacht, und nicht auf Rechenzeit optimiert. Es besteht aus einer Reihe von FORTRAN 77 Unterprogrammen.

Der/die BenutzerIn muß aber selbst den Riemannlöser programmieren (was eigentlich der schwierigste Teil ist). Weiters muß der/die BenutzerIn noch die Randbedingungen festlegen, und ein geeignetes Hauptprogramm schreiben.

Dafür kann aber dann mit verschiedenen Verfahren zur Lösung der Gleichung experimentiert werden. In dieser Arbeit wurde das einfache Verfahren von GODUNOV (*first order Godunov*) verwendet, das zwar Schocks etwas glättet, aber dafür sehr stabil ist.

4.6.5   Randbedingungen
Boundary conditions

Das Gebiet ist wie in Abbildung 4.27 in n Gitterpunkte diskretisiert, wobei die Zellgrenzen zwischen den Gitterpunkten liegen.

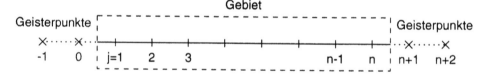

Abbildung 4.27: Diskretisierung des Randes
Figure 4.27: Incorporation of boundary conditions by introducing additional cells (so called "ghost" cells)

Es gibt zwei Geisterpunkte, die außerhalb der Ränder definiert werden, und über die alle Randbedingungen gesteuert werden.

Freier Rand

Für einen freien Rand gilt $\sigma = 0$. Das erreichen wir, indem wir σ_j vom Gebiet auf die Geisterzellen spiegeln, z.B. für den linken Rand:

$$\sigma_0 := -\sigma_1 \text{ und } \sigma_{-1} := -\sigma_2$$

Die Geschwindigkeit wird festgehalten:

$$v_0 := v_1 \text{ und } v_{-1} := v_2$$

Fester Rand

Für einen festen Rand gilt $v = 0$. Das bedeutet eine Spiegelung der Geschwindigkeiten v_j vom Gebiet auf die Geisterzellen, z.B. für den linken Rand:

$$v_0 := -v_1 \text{ und } v_{-1} := -v_2$$

Die Spannung wird festgehalten:

$$\sigma_0 := \sigma_1 \text{ und } \sigma_{-1} := \sigma_2$$

Unendliches Gebiet

Soll sich das Gebiet ins Unendliche erstrecken, dürfen die Wellen am künstlichen Rand nicht reflektiert werden. Das erreicht man einfach durch Gleichsetzen der Geisterpunkte mit dem ersten Innenpunkt, z.B. für den linken Rand:

$$\sigma_{-1} = \sigma_0 := \sigma_1$$
$$v_{-1} = v_0 := v_1$$

Spannung vorschreiben

Soll an einem Rand eine zeitlich veränderliche Spannung $\sigma(t)$ vorgeschrieben werden, so erreicht man das z.B. für den linken Rand einfach durch

$$\sigma_{-1} = \sigma_0 := 2\sigma(t) - \sigma_1$$
$$v_{-1} = v_0 := v_1 \quad ,$$

da die Randspannung dann, nachdem der Rand zwischen den Gitterpunkten liegt,

$$\frac{\sigma_0 + \sigma_1}{2} = \frac{2\sigma(t) - \sigma_1 + \sigma_1}{2} = \sigma(t)$$

ist.

4.6.6   Tricks beim Einbau des Stoffgesetzes
Implementing the hypoplastic law

CLAWPACK berechnet $q(x, t)$. Um die Dehnung nicht extra berechnen zu müssen, wird sie in die Lösungsvariablenliste aufgenommen.

$$\mathbf{q} := \begin{bmatrix} v \\ \sigma \\ \varepsilon \end{bmatrix} \quad , \quad \mathbf{A} = \begin{bmatrix} 0 & 1/\varrho & 0 \\ -E & 0 & 0 \\ -1 & 0 & 0 \end{bmatrix}$$

Es wird also die Kompatibilitätsbedingung mitgelöst.

Die Verschiebungen werden in jedem Zeitschritt aufintegriert.

Das hypoplastische Stoffgesetz wird in der Version VON WOLFFERSDORFF (1996) verwendet (vgl. Anhang A). Dieses Stoffgesetz wurde von RODDEMAN (1997) in einer Benutzerroutine (umat.f) für das Programmsystem ABAQUS programmiert.

Dieses Unterprogramm berechnet für eine gegebene Porenzahl einen gegebenen Spannungszustand und Dehnungsschritt, die neue Porenzahl und die neuen Spannungen. Es ermittelt auch die Steifigkeit, aber diese als Tangentensteifigkeit am Ende des Dehnungsschrittes. Deshalb wurde das Unterprogramm modifiziert. Es berechnet in dieser Anwendung die Sekantensteifigkeit für den aktuellen Dehnungsschritt.

Nun ist der Dehnungsschritt im vorhinein nicht bekannt, sondern eigentlich das Ergebnis der Berechnungen eines Zeitschrittes mit einer gewissen Steifigkeit und Dichte von CLAWPACK. Aus diesem Grund wird die Steifigkeit iterativ gefunden[23]. Es wird zuerst eine Steifigkeit geschätzt. Diese Schätzung wird an jeder Stelle des Kontinuums mit dem Dehnungsschritt aus dem vorigen Zeitschritt vorgenommen. Ist der alte Dehnungsschritt Null, wird eine Tangentensteifigkeit für ödometrische Belastung beim aktuellen Spannungsniveau verwendet. Mit dieser geschätzten Steifigkeit wird das Gleichungssystem gelöst. Daraus erhalten wir eine Näherung für den Dehnungsschritt, der in diesem Zeitschritt zu erwarten ist. Mit diesem neu geschätzten Dehnungsschritt wird die Steifigkeit neu berechnet, und das Gleichungssystem mit den Spannungen und Geschwindigkeiten des vorigen Zeitschrittes noch einmal berechnet. Dieser Vorgang wird einfach dreimal wiederholt, in der Hoffnung, daß es konvergiert[24] (Abbildung 4.28).

Die Benutzerroutine (umat.f) des Stoffgesetzes arbeitet für einen Spannungstensor in 3 Dimensionen. Für den eindimensionalen Fall werden einfach die Querdehnungen Null gesetzt (ödometrische Verhältnisse). Die Quer- und Schubspannungen $(\sigma_2, \sigma_3, \tau_{12}, \tau_{13}, \tau_{23})$ werden ebenso wie die Porenzahl e am Ende eines Zeitschrittes von der Benutzerroutine (umat.f) aktualisiert.

---

[23]Das bedingte einige Eingriffe in die Unterprogramme von CLAWPACK
[24]Das ist noch nicht überprüft, zeigt aber gute Ergebnisse.

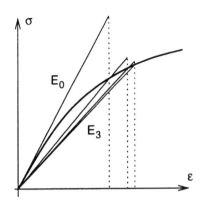

Abbildung 4.28: Iteration der Sekantensteifigkeit
Figure 4.28: Iteration of the secant stiffness

4.6.7 Hypoplastische Wellenausbreitung, Ergebnisse
Hypoplastic wave propagation

Mit dem vorher beschriebenen Riemannlöser und den Änderungen in dem Unterprogramm für das Stoffgesetz sowie den Unterprogrammen des Programmsystems CLAWPACK, wurde die Ausbreitung einer eindimensionalen (ödometrischen) hypoplastischen Welle berechnet.

Wellenausbreitung

Als Boden wurde Karlsruher Sand mit den Werten nach HERLE (1997, S 54) betrachtet (siehe Anhang A).

Als Anfangswerte für Dichte und Spannung wurden wie im Kapitel 3 (Sandquelle) $e_0 = 0.735$, $\sigma_1 = \sigma_2 = \sigma_h = -74.9$ kN/m^2 und $\sigma_3 = \sigma_z = -148.8$ kN/m^2 gewählt[25].

Als Belastung am linken Ende wurde eine sinusförmige Halbwelle $\sigma(t) = \sigma_0 \sin(\Omega t)$ in der Zeit $0 < t < \pi/\Omega$ der Ausgangsspannung überlagert mit $\sigma_0 = -100$ kN/m^2 und $\Omega = 314$ 1/s.

Die Ergebnisse der Berechnung[26] sind in Abbildung 4.29 dargestellt. Wir sehen deutlich, daß es zu einem Einholen der Belastungswelle durch die Entlastungswelle kommt, und dabei eine Schockfront entsteht. Deshalb ist es günstig, ein Verfahren

---

[25]Zur Erinnerung: Das entspricht einem Rüttler in 10 m Tiefe.

[26]In dieser Berechnung sind genauigkeitserhöhende Korrekturen zweiter Ordnung und Flußbegrenzer (superbee) angewendet worden. Eine Beschreibung ist in LE VEQUE (1992) zu finden. Ohne diese Genauigkeitserhöhung wäre die Schockfront nicht so deutlich zu sehen, da das Verfahren von GODUNOV in seiner einfachen Version Schockfronten glättet.

– wie eben das von GODUNOV – einzusetzen, welches mit Schockfronten in einer „natürlichen" Art und Weise umgehen kann.

Bleibende Verdichtung

Wir haben bereits in Abschnitt 4.5.2 (Seite 104) einen Hinweis gefunden, daß es besser wäre, bei gleicher Schlagkraft langsamer zu rütteln, um eine größere Reichweite zu erzielen. Dies soll nun mit dem hypoplastischen Stoffgesetz geprüft werden.

Die folgenden Berechnungen zeigen Ergebnisse für Verdichtungen bei verschiedenen Erregerfrequenzen aber gleicher eingeleiteter Spannung.

Als erste Belastung wird eine Sinushalbwelle mit der Frequenz $\Omega = 314 \text{ s}^{-1}$ angebracht. Das bedeutet eine Belastungsdauer von $T = \pi/\Omega = 0.01$ s. Dann wird diese Halbwelle dreimal hintereinander angebracht, und zwar so, daß von der vollen Sinusschwingung nur die negativen Halbwellen wirken $\sigma^-(t) = 1/2 \big[\sigma_0 \sin(\Omega t) - |\sigma_0 \sin(\Omega t)|\big]$. Die dritte Belastung ist eine Sinushalbwelle mit der Frequenz $\Omega = 314/3 = 104.7 \text{ s}^{-1}$ (Abbildung 4.30).

Die Ausbreitung dieser drei verschiedenen Belastungsfälle ist in Abbildung 4.31 dargestellt.

Der Einflußbereich[27] einer Belastungshalbwelle mit $\Omega = 314 \text{ s}^{-1}$ ist ca. 2.6 m. Wird die Halbwelle mit $\Omega = 314/3 = 104 \text{ s}^{-1}$ angebracht, steigt der Einflußbereich auf ca. 8 Meter[28]. Wenn wir dreimal mit $\Omega = 314 \text{ s}^{-1}$ belasten (entspricht der Dauer einer Belastung mit $\Omega = 314/3 \text{ s}^{-1}$), ist der Einflußbereich ungefähr 7 m, liegt also unter dem der langsamen Belastung, und dies obwohl das hypoplastische Stoffgesetz in der Version VON WOLFFERSDORFF (1996) eher zu große bleibende Verformungen bei Wiederbelastung („ratcheting") ermittelt.

Schnelleres Rütteln erzielt zwar in der Nähe des Rüttlers höhere Dichten, durch die öfter wiederholte Belastung in der gleichen Zeit. Die Reichweite der Verdichtung ist aber geringer.

Langsamer Rütteln bedeutet aber auch kleinere Kräfte, weil die Schlagkraft $F = m_u r \Omega^2$ des Rüttlers mit dem Quadrat der Erregerfrequenz sinkt! Aufgrund dynamischer Überhöhung kann die Kraft auf den Boden von der Schlagkraft abweichen. Die eingeleitete Spannung ist also auch von der Nähe der Erregerfrequenz zur Resonanzfrequenz des Systems Rüttler - Boden abhängig.

---

[27]Unter Einflußbereich ist die Länge gemeint, bei der es zu einer wesentlichen bleibenden Verdichtung kommt.

[28]Das ist ungefähr das Dreifache, wie aus den analytischen Überlegungen zu erwarten war.

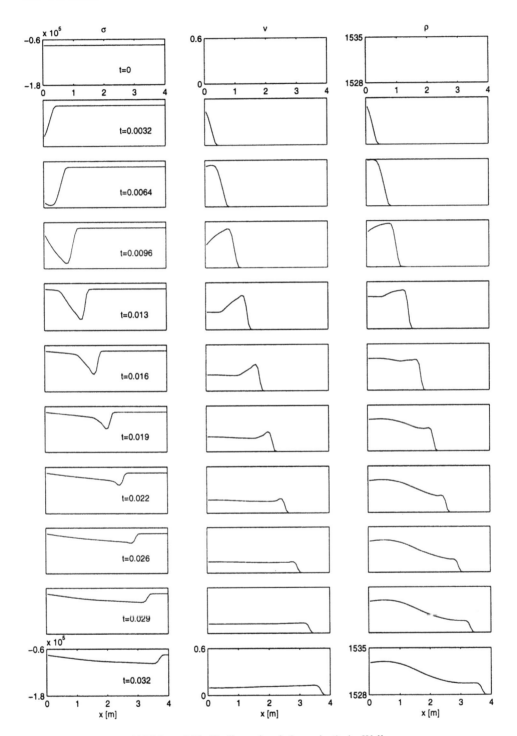

Abbildung 4.29: Eindimensionale hypoplastische Welle

Figure 4.29: One-dimensional hypoplastic wave

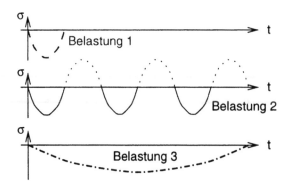

Abbildung 4.30: Verschiedene Belastungen

Figure 4.30: Various types of loading

Im eindimensionalen (ödometrischen) Fall ist es offensichtlich besser, mit größeren Kräften zu rütteln, da dann größere bleibende Dehnungen auftreten. Dies ist aus dem bekannten Verhalten von Boden im Ödometerversuch (Abbildung) 4.32 zu erkennen.

Später werden wir die Welt zweidimensional betrachten, und dort gibt es auch Scherwellen, die bei zu großer Amplitude wieder zu Auflockerungen im Boden führen können.

Für alle obigen Einflüsse sollte noch ein Optimum gefunden werden!

4.7   Zusammenfassung
Summary

In diesem Abschnitt wurden „einfache" eindimensionale Überlegungen zur anelastischen Wellenausbreitung angestellt.

Wir haben aus vereinfachten analytischen Berechnungen gelernt, daß die Eindringtiefe bei Erhöhung der Frequenz der Erregung sinkt und die bleibende Dehnung mit der Höhe der Belastung steigt.

Es wurde das numerische Verfahren von GODUNOV vorgestellt und gezeigt, daß es sich für Berechnungen hypoplastischer Wellen eignet. Die Ergebnisse der Berechnung zeigen, daß es zur Bildung einer Schockfront kommt, wenn die Entlastungswelle die Belastungswelle einholt. Deshalb ist es notwendig, ein numerisches Verfahren einzusetzen, welches mit Schockfronten umgehen kann.

Numerische Berechnungen bestätigen den analytischen Hinweis, daß es zur Erzielung größerer Reichweiten besser ist, bei gleicher Schlagkraft langsamer zu rütteln. Dies stimmt auch mit Messungen der Fa. BAUER zusammen (Seiten 9 und 22).

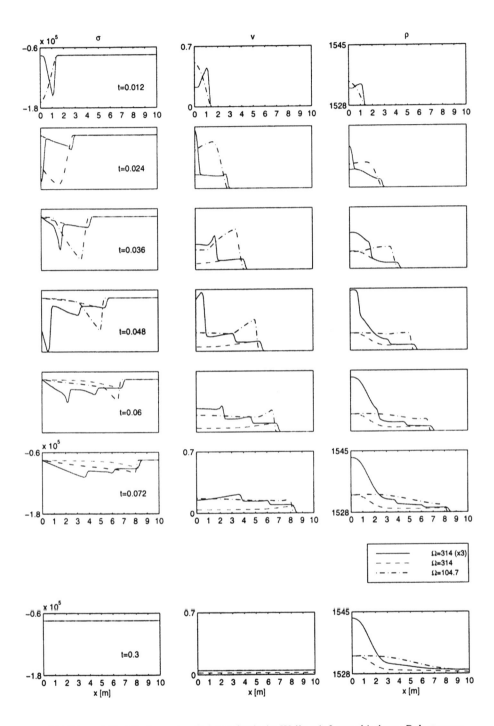

Abbildung 4.31: Eindimensionale hypoplastische Welle mit 3 verschiedenen Belastungen

Figure 4.31: One-dimensional hypoplastic wave with the three different types of loading in fig. 4.30

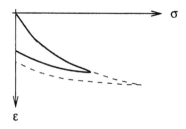

Abbildung 4.32: Ödometerversuch

Figure 4.32: Stress-strain curve at confined (oedometric) compression and subsequent unloading of a soil sample

Nimmt man kürzere Reichweiten in Kauf, um in der Nähe des Rüttlers in gleicher Zeit besser zu verdichten, sollte mit höherer Frequenz gerüttelt werden.

Benachbarte Gebäude reagieren oft sensibel auf zu große Amplituden der Geschwindigkeitswelle. Hier wäre es auch besser, mit hoher Frequenz zu rütteln, da die Amplitude der Geschwindigkeitswelle dann stärker abklingt.

Aus der eindimensionalen Überlegung scheint es das Beste zu sein, eine maximale Bodenreaktionskraft zu erreichen. Im folgenden Kapitel wollen wir prüfen, ob dies auch für zwei Dimensionen gilt.

Zieht man in Betracht, daß die Schlagkraft mit dem Quadrat der Frequenz steigt, folgt in der eindimensionalen Vereinfachung, daß es generell besser wäre, mit höheren Frequenzen zu rütteln.

Summary: *In this chapter "simple" one-dimensional considerations for the inelastic wave propagation are presented.*

Simplified analytical calculations show that the penetration depth decreases with increasing frequency of the excitation. The permanent strains increase with increasing loading stress.

The numerical method of GODUNOV *is presented, which is suitable to describe hypoplastic waves. Its application shows that a shock front is formed, as soon as the unloading wave catches the loading wave. Therefore it is necessary to use a numerical method which can treat shock fronts.*

The numerical results confirm the analytic indication (equation 4.19) that the radius of the compacted area around the vibrator is larger when vibrating with low frequency (with the same inertia force of the eccentric mass). This is confirmed by measurements of the company BAUER. *To achieve a higher compaction within the same time one should increase the frequency of the vibrator. This would, however, decrease the radius of the compacted soil column around the vibrator.*

Neighbour buildings are often sensitive to large velocity amplitudes. In this case it would be better to vibrate with higher frequency since the amplitude of the velocity wave is then more damped with distance.

From the one-dimensional consideration it seems to be recommendable to achieve a maximal soil reaction force. In the following chapter we want to check whether this applies also to two dimensions.

Since the impact force increases with the square of the frequency it follows from the one-dimensional simplification that it would be generally better to vibrate with higher frequencies.

Kapitel 5

Anelastische Wellenausbreitung im zweidimensionalen Kontinuum
Inelastic wave propagation in a two-dimensional continuum

Inelastic wave propagation in a two-dimensional continuum: In this chapter the compaction during two-dimensional hypoplastic wave propagation is analysed. Like in the previous chapter the wave equation with the hypoplastic material law is numerically solved only for small deformations. The density changes are computed for loading upon a part of the boundary of a half space and for a vibrator embedded in soil.

Da das Leben dreidimensional ist, liegt eine zweidimensionale Berechnung näher an der Realität als die vorigen eindimensionalen Studien. Zweidimensionale Berechnungen sind aber ungleich schwieriger und geben damit zusätzliche Probleme. Hier soll wie vorher die Wellengleichung mit dem hypoplastischen Stoffgesetz nur für kleine Verformungen gelöst werden.

5.1 Die Systemgleichungen
Governing equations

Da alle folgenden Variablen von den Eulerkoordinaten[1] (x, y) und der Zeit t abhängen, will ich auf das Anführen der Variablenliste (x, y, t) verzichten, um die Lesbarkeit zu verbessern. Dafür werden die partiellen Ableitungen jetzt mit ∂_x, ∂_y und ∂_t geschrieben, da eine Zahl ohne Argumentenliste schwer zuzuordnen ist.

---

[1]Wir wechseln das Koordinatensystem nicht.

Die zweidimensionale Wellengleichung für kleine Verformungen ist (vergleiche NO-WACKI, 1978, S182 ff):

$$\partial_t v_x = \frac{1}{\varrho}\partial_x \sigma_x + \frac{1}{\varrho}\partial_y \tau$$

$$\partial_t v_y = \frac{1}{\varrho}\partial_x \tau + \frac{1}{\varrho}\partial_y \sigma_y$$

Weiters gelten die linearisierten Kompatibilitätsbedingungen:

$$\partial_t \varepsilon_x = \partial_x v_x$$

$$\partial_t \varepsilon_y = \partial_y v_y$$

$$\partial_t \gamma = \frac{1}{2}(\partial_y v_x + \partial_x v_y)$$

Das linearisierte Stoffgesetz[2] lautet

$$\partial_t \begin{bmatrix} \sigma_x \\ \sigma_y \\ \tau \end{bmatrix} = \begin{bmatrix} C_{11} & C_{12} & C_{13} \\ C_{21} & C_{22} & C_{23} \\ C_{31} & C_{32} & C_{33} \end{bmatrix} \partial_t \begin{bmatrix} \varepsilon_x \\ \varepsilon_y \\ \gamma \end{bmatrix} \quad ,$$

worin die Steifigkeitselemente[3] C_{ij} von der Lösung $(\sigma_x, \sigma_y, \tau, v_x, v_y)$ abhängen.

Wie im Eindimensionalen setzen wir die Kompatibilitätsbedingungen in das Stoffgesetz ein und führen eine neue Lösungvariable

$$\mathbf{q} = [v_x, v_y, \sigma_x, \sigma_y, \tau, \varepsilon_x, \varepsilon_y, \gamma]^T$$

ein. Die Dehnungen sind in $\mathbf{q}$ aufgeführt, weil sie dann ohne Mehraufwand vom Programmsystem CLAWPACK mitberechnet werden[4]. Sie werden ja zur Berechnung der Sekantensteifigkeiten benötigt.

Damit läßt sich das System der Differentialgleichungen schreiben

$$\partial_t \mathbf{q} + \mathbf{A}\partial_x \mathbf{q} + \mathbf{B}\partial_x \mathbf{q} = 0$$

---

[2]Im selben Sinn wie vorher linearisiert, daß eine geeignete, durch Iteration zu bestimmende, Sekantensteifigkeit C_{ij} verwendet wird.

[3]In der Kontinuumsmechanik werden diese Werte oft als

$$C_{ijkl} = \frac{\partial \sigma_{ij}}{\partial \varepsilon_{kl}}$$

geschrieben. In diesem Sinne sind z.B.

$$C_{11} = \frac{\partial \sigma_x}{\partial \varepsilon_x} \quad , \quad C_{12} = \frac{\partial \sigma_x}{\partial \varepsilon_y} \quad , \quad C_{13} = \frac{\partial \sigma_x}{\partial \gamma} \quad , \quad C_{31} = \frac{\partial \tau}{\partial \varepsilon_x} \quad .$$

[4]Zur prinzipiellen Lösung wären sie nicht notwendig. Sie erhöhen aber auch nicht den Aufwand für den Riemannlöser, da die zugehörigen Eigenwerte Null sind.

Das kann durch eine Aufspaltung der Flüsse in x und y Richtung mit dem Verfahren von GODUNOV gelöst werden.

Für die ein- und zweidimensionale Schallausbreitung in heterogenen Medien hat LE VEQUE (1995, Note #13) einen numerischen Riemannlöser geschrieben. Dort wird auch erklärt, wie die Flußaufspaltung funktioniert, und wie die so aufgespaltene Riemannlösung in des Programmsystem CLAWPACK zu implementieren ist.

Die Grundidee bei der Lösung eines so gesplitteten Systems ist, die Wellen zuerst ein Stück in x Richtung laufen zu lassen, und dann ein Stück in y Richtung. Dadurch werden allerdings die x und y Richtungen gegenüber anderen Richtungen bevorzugt, und die Wellenausbreitung wird anisotrop. Zweidimensionale Effekte spielen eine starke Rolle im lokalen Verhalten der Lösung. Eine Annäherung, wie die obige, die nur das eindimensionale Riemannproblem in beiden Richtungen getrennt betrachtet, beinhaltet natürlich nicht alle zur Verfügung stehende Information (LE VEQUE, 1992, S. 206). Diese im Verfahren liegenden Fehler werden wir etwas später in unseren Beispielen auch sehen.

Schon wie im eindimensionalen Fall wird der Riemannlöser von LE VEQUE (1995, Note #13) als Grundlage für den hier implementierten verwendet, mit allerdings „etwas" komplizierteren Matrizen.

Als Beispiel möchte ich hier noch die von Null verschiedenen Eigenwerte der linearen Abbildung **A** anschreiben, also der Ausbreitung in x Richtung:

$$\lambda_1 = -\frac{1}{2}\sqrt{\frac{2C_{11} + C_{33} + \sqrt{(2C_{11} - C_{33})^2 + 8C_{13}^2}}{\varrho}}$$

$$\lambda_2 = -\lambda_1$$

$$\lambda_3 = -\frac{1}{2}\sqrt{\frac{2C_{11} + C_{33} - \sqrt{(2C_{11} - C_{33})^2 + 8C_{13}^2}}{\varrho}}$$

$$\lambda_4 = -\lambda_3$$

Hier ist zu sehen, daß die Eigenwerte λ_3 und λ_4 bei gewissen Kombinationen der Steifigkeiten imaginär werden. Das bedeutet einen Verlust der Hyperbolizität des Systems, und mit dem Verfahren von GODUNOV kann nicht mehr weitergerechnet werden. Wann die Bedingung für imaginäre Eigenwerte im hypoplastischen Stoffgesetz auftritt, und wie das Material dann reagiert, sollte noch geklärt werden!

Ich möchte hier aus Verständnisgründen noch die Eigenwerte für den Spezialfall der linear-elastischen Wellenausbreitung angeben. Dort sind die Steifigkeiten

$$C_{11} = E_s = 2G\frac{1 - \nu}{1 - 2\nu} \quad , \quad C_{22} = E_s \quad , \quad C_{33} = G \quad ,$$

$$C_{12} = C_{21} = \frac{E_s \nu}{1 - \nu} \quad , \quad C_{13} = C_{31} = 0 \quad , \quad C_{23} = C_{32} = 0 \quad ,$$

mit dem Schubmodul G, der Querdehnzahl ν und dem Steifemodul für behinderte Seitendehnung E_s.

Damit erhalten wir die Eigenwerte

$$\lambda_{1,2} = \pm \frac{1}{\sqrt{2}} \sqrt{\frac{G}{\varrho}} \quad , \quad \lambda_{3,4} = \pm \sqrt{\frac{E_s}{\varrho}} \quad ,$$

die übrigens nicht einfach durch Einsetzen in die vorher ermittelten Eigenwerte gefunden werden können. Dazu muß das gesamte Eigenwertproblem mit den neuen Steifigkeiten (von denen ja einige Null sind) noch einmal gelöst werden. Es gehören dann auch andere Eigenvektoren zu diesen Eigenwerten! Deshalb sind die Eigenwerte auch nicht direkt zu vergleichen und haben eine verschiedene Bedeutung.

Im linear-elastischen Fall erkennen wir die Kompressionswellengeschwindigkeit $\sqrt{E_s/\varrho}$ und eine Projektion der Scherwellengeschwindigkeit $\sqrt{G/\varrho}$ in die x Richtung.

5.2 Belastung am Rand
Loading at the boundary

Wie schon bei der eindimensionalen Berechnung wollen wir hier eine horizontale Bodenscheibe rund um den Rüttler betrachten. Nachdem das Programmpaket CLAWPACK in seiner Konzeption nur orthogonale Netze mit äußeren Rändern zuläßt, also keine Ränder im Gebiet vorgesehen sind, müssen wir das System noch weiter vereinfachen. Wir betrachten jetzt nur noch eine Halbscheibe an deren linken Rand eine Spannung $\sigma(t)$ über den Bereich des Rüttlerdurchmessers angreift (Abbildung 5.1).

Messungen der Beschleunigungen im Boden von POTEUR (1971) zeigen verschwindende Komponenten in z-Richtung. Auch in den statischen Berechnungen in Abschnitt 3 waren die vertikalen Dehnungen vernachlässigbar klein. Daher wird die horizontale Scheibe in vertikaler Richtung festgehalten, $\varepsilon_z = 0$.

Die „Halbscheibe" stellt einen Ausschnitt aus einer Ebene dar. Die Wellen dürfen also an den Rändern nicht reflektiert werden. Als Randbedingung ist somit eine Durchgängigkeit für die Wellen gefordert[5]. Dies läßt sich wie im eindimensionalen Fall leicht durch entsprechendes Vorschreiben der Lösung in den Geisterpunkten erreichen (siehe Seite 123). Die Spannung $\sigma(t)$ wird ebenfalls wie im eindimensionalen Fall mit Hilfe der entsprechenden Geisterpunkte vorgeschrieben.

---

[5]Auch der linke Rand, an dem die Spannung angreift, ist kein „freier" Rand. Es entstehen also keine Oberflächeneffekte wie Rayleighwellen!

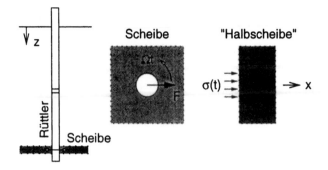

Abbildung 5.1: Modellbildung

Figure 5.1: Two dimensional simplification: the vibrator is considered as a periodic stress $\sigma(t)$ acting upon a semi-infinite horizontal slice

5.2.1   Verdichtung durch eine Sinushalbwelle
Compaction due to a sinusoidal half wave

Wir betrachten nun eine Scheibe in 10 m Tiefe eines lockeren Karlsruher Sandes mit

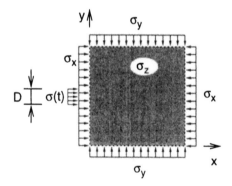

Abbildung 5.2: Randbelastung

Figure 5.2: Loading $\sigma(t)$ at a part of the boundary

$e_0 = 0.735$ ($\varrho_0 = 1528$ kg/km) und den Anfangsspannungen $\sigma_x = \sigma_y = -74.9$ kN/m^2, $\sigma_z = -148.8$ kN/m^2 mit den hypoplastischen Stoffparametern nach HERLE (1997, S 54) (siehe Anhang A).

Am linken Rand wird die Ausgangsspannung σ_x von einer Druckspannung $\sigma(t) = \sigma \sin \Omega t$ mit einer Amplitude von 30 kN/m^2 und einer Kreisfrequenz $\Omega = 104.7$ s^{-1} auf einer Breite von 0.4 m und über die Dauer einer halben Periode überlagert (Abbildung 5.2).

Die Ausbreitung der Verdichtungswelle ist in Abbildung 5.3 im verformten Netz dargestellt (Achtung: Hellere Bereiche sind dichter!).

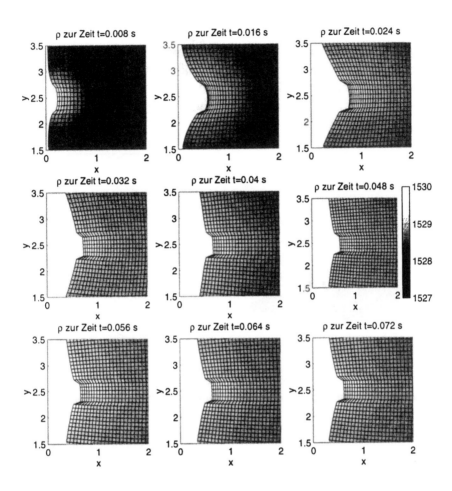

Abbildung 5.3: Verdichtung im verformten Netz, Verformungen 500-fach vergrößert
Figure 5.3: Density ρ after a sinusoidal half wave loading of a part of the boundary, deformed mesh (deformation 500 times enlarged)

Wir sehen hier eines der zwei wesentlichen Probleme des numerischen Verfahrens. An den Rändern des Lastangriffes sind die Folgen der Vernachlässigung von lokalen zweidimensionalen Effekten durch die Flußsplittung deutlich zu sehen. Wir erkennen, daß die einzelnen Streifen in x Richtung zuerst getrennt voneinander gelöst wurden, und erst in einem zweiten Schritt durch die Lösung aller Streifen in y Richtung verbunden werden[6]. Dadurch kommt es zu der zu großen Scherung in

---

[6]Dieser Fehler in jedem Zeitschritt vergrößert sich im Laufe der Berechnung, solange sich die Belastungsrichtung nicht umdreht. Bei einer Berechnung mit elastischem Material, an dem auch wieder gezogen werden kann, und einer periodischen Sinuslast mit mehreren Perioden, fällt dieser Fehler gar nicht auf, da die Fehler beim Belasten sich mit den Fehlern beim Entlasten und Ziehen auf die andere

diesem Bereich, und die Lösung wirkt wie ein Einstanzen der Last. Hier sind noch Verbesserungen notwendig!

Die bleibende Dichteverteilung in einem Ausschnitt des Berechnungsgebietes ist in Abbildung 5.4 dargestellt. Die größte Dichteänderung tritt unter dem Angriffsbereich der Last auf. Links und rechts des Angriffsbereiches verteilt sich die Verdichtung ungefähr kreisförmig über den Halbraum.

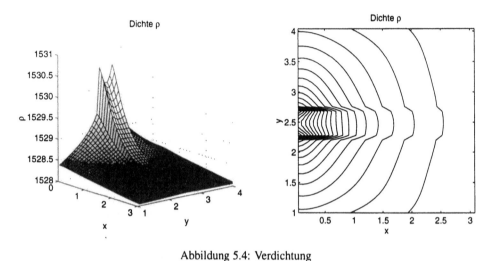

Abbildung 5.4: Verdichtung

Figure 5.4: Density ϱ after sinusoidal half wave loading of a part of the boundary

Die maximal während des Durchlaufens auftretenden volumetrischen Dehnungen sind $\varepsilon_v = -14 \cdot 10^{-4}$, die maximalen Scherdehnungen sind $\gamma = \pm 4 \cdot 10^{-4}$. Dort, wo die maximalen Scherdehnungen auftreten, ist die Volumendehnung mindestens doppelt so groß. Daraus schließe ich, daß es sich hauptsächlich um eine Verdichtung durch eine Kompressionswelle handelt. Es wird auch die Abschätzung in Abschnitt 2 bestätigt, daß die Scherdehnungen in der gleichen Größenordnung wie die Volumendehnungen liegen.

Als Vergleich wurde dieselbe Scheibe, allerdings mit einer freien Oberfläche an der linken Seite, statisch mit der gleichen Last berechnet[7]. Die Ergebnisse der Verdichtung des hypoplastischen Materials sind in Abbildung 5.5[8] dargestellt. Wir sehen eine recht ähnliche Dichteverteilung wie im dynamische Fall (Abbildung 5.4), ebenfalls mit einer Konzentration der Verdichtung unter dem Lastangriffspunkt. Der direkte Vergleich eines Schnittes entlang der x Achse mitten unter dem Lastangriff zeigt,

---

Seite aufheben!

[7]Diese Berechnung wurde mit dem Programm ABAQUS durchgeführt.

[8]Der getreppte Verlauf ist eine Schwäche der Ausgabe von ABAQUS und nicht real!

daß die dynamische Berechnung höhere Verdichtungen ergibt. Die höheren Verdichtungen direkt im Bereich des Lastangriffes sind meiner Meinung nach eine Folge des oben erwähnten numerischen Problems.

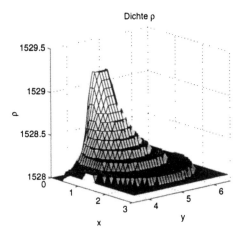

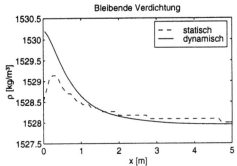

Abbildung 5.5: statische Vergleichsrechnung
Figure 5.5: Density ϱ after static finite element computations with the same load at the boundary

Abbildung 5.6: Dichteverlauf statisch und dynamisch
Figure 5.6: Densities ϱ after static and dynamic calculations

Die Eindringtiefe der Verdichtung ist bei der dynamischen Berechnung etwas geringer als bei der statischen. Die Effekte sind aber bei weitem nicht so gravierend wie im eindimensionalen Fall[9].

Abgesehen von lokalen Fehlern sind die Ergebnisse der dynamischen Berechnung vernünftig.

5.2.2   Vergleich mit eindimensionaler Berechnung
Comparison with one-dimensional analysis

Hier sollen die Dichteänderung durch die zweidimensionale Welle (2D) mit der Dichteänderung durch die eindimensionale Welle (1D) verglichen werden. Damit sollen die Annahmen der groben Abschätzung der Verdichtungswirkung in Abschnitt 4.5.3 überprüft werden.

Dazu wurde eine eindimensionale Berechnung mit den Anfangs- und Randwerten der vorher besprochenen 2D-Berechnung durchgeführt.

---

[9]Man könnte fast glauben, daß eine statische Berechnung ausreicht. Dies soll in weiteren Arbeiten noch untersucht werden.

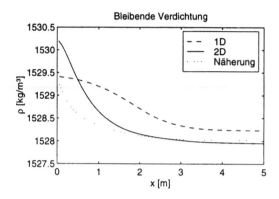

Abbildung 5.7: Bleibende Verdichtung

Figure 5.7: Permanent density obtained in one and two-dimensional computations

In Abbildung 5.7 ist der Dichteverlauf der 2D-Berechnung in einem Schnitt in x Richtung durch die Mitte des Lastangriffes mit den Ergebnissen der 1D-Berechnung verglichen. Zusätzlich ist als Näherung für den 2D-Verlauf eine Dichteverteilung

$$\varrho^{\text{Näherung}} \approx \varrho^{1D} \left(\frac{r_0}{x} \right)$$

eingezeichnet. Dies ist dieselbe Idee wie bei der Abschätzung der geometrischen Dämpfung in Abschnitt 4.5.3.

Die Berechnung zeigt, daß die Dichteerhöhung im 2D-Fall nicht soweit in den Raum eindringt wie im 1D-Fall. Im 2D-Fall wird am Rand eine etwas höhere Dichte erreicht. Die Näherung zeigt qualitativ einen guten Verlauf, trifft die Eindringtiefe ziemlich gut, nur die erreichte Verdichtung wird etwas unterschätzt[10]. Daraus folgere ich, daß die in Abschnitt 4.5.3 gezeigte Abschätzung der Verdichtungswirkung etwas zu kleine Werte für die erreichte Dichte liefert, aber den Einfußbereich des Rüttlers gut wiedergibt. Sie gibt damit eine untere Grenze der Verdichtungswirkung eines Rüttlers an.

5.3 High End - Der rotierende Rüttler
Vibrator embedded in soil

Mit etwas Geduld und einigen Tricks war das Programmsystem CLAWPACK doch zu überreden, einen Rand im Gebiet zu akzeptieren. Damit konnte der Rüttler zweidimensional modelliert werden.

---

[10]Wobei natürlich die Frage offenbleibt, ob die 2D-Berechnung die Verdichtung aufgrund oben erwähnter Probleme nicht etwas überschätzt.

Dazu wird im Bereich innerhalb des Rüttlers eine Wellenausbreitung unterbunden. Das funktioniert einfach, indem man die Eigenwerte in diesem Bereich Null setzt. Dadurch entsteht ein unverschieblicher Bereich der Größe des Rüttlerquerschnittes, an dem, wie an einem Fels in der Brandung, eine Totalreflektion der Wellen erfolgt. Dann wird an den Gitterpunkten im so herausgeschnittenen Bereich eine geeignete Geschwindigkeit vorgeschrieben.

Die Geschwindigkeit erhält man durch Integrieren des NEWTON'schen Gesetzes.

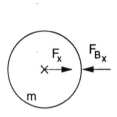

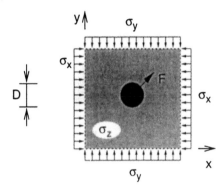

Abbildung 5.8: Bewegung des Rüttlers in x Richtung

Figure 5.8: Motion of the vibrator in x-direction

Abbildung 5.9: High End: Der Rüttler im Boden

Figure 5.9: High End: Vibrator embedded in soil

So ergibt sich zum Beispiel die horizontale Geschwindigkeitskomponente v_x aus der Bewegungsgleichung in x Richtung (Abbildung 5.8),

$$F_x - F_{Bx} = ma_x = m\frac{dv_x}{dt}$$

worin $F = m_u r \Omega^2$ die Schlagkraft des Rüttlers und F_B die Bodenreaktionskraft ist.

Dies über die Zeit integriert gibt die Geschwindigkeit

$$v_x(t_2) = \frac{1}{m} \int_{t_1}^{t_2} [F_x(t') - F_{Bx}(t')]dt' + v_x(t_1) \quad .$$

Damit kann der numerische Wert der Geschwindigkeit zur Zeit $t_n + 1$ berechnet werden:

$$v^{n+1} = \frac{\Delta t}{m}(F_x^n - F_{Bx}^{\ n}) + v_x^n$$

Im Falle des auf ein zweidimensionales Problem reduzierten Rüttlers werden die Rüttlermasse und die Schlagkraft auf die Rüttlerlänge bezogen. Die Bodenreaktionskraft ist durch Integrieren der Spannungen am Rand des herausgeschnittenen Bereiches zu ermitteln, und ist somit ebenfalls eine längenbezogene Kraft.

Damit wurde ein Beispiel nach Abbildung 5.9 gerechnet. Die Anfangsbedingungen
für Spannung und Porenzahl sind gleich wie beim Beispiel der Randbelastung. Der
Rüttler wird durch eine auf seine Länge bezogene Masse $m = 866$ kg/m und einer
auf seine Länge bezogene Schlagkraft von $F = 500$ N/m simuliert. Diese Kraft
wird mit einer Winkelgeschwindigkeit von $\Omega = 157.1$ s^{-1} zwei Umdrehungen lang
gegen den Uhrzeigersinn gedreht. Sie wird weiters während der ersten Umdrehung
linear von Null auf ihren Endwert gesteigert.

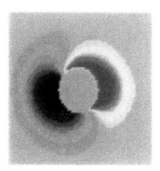

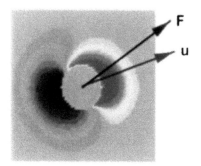

Abbildung 5.10: Verdichtung im zweidimensionalen Modell, kurz nach Belastungsbeginn
*Figure 5.10: Density ϱ shortly after the start
of vibration ("red" indicates increased density,
"blue" indicates decreased density)*

Abbildung 5.11: Richtung der Schlagkraft und
Auslenkung, $t = 0.004$ s
*Figure 5.11: Direction of the impact force (force
of inertia of the eccentric mass) and displacement, t = 0.004 s*

Die Verteilung der Dichte kurz nach Belastungsbeginn ist in Abbildung 5.10 dargestellt. Die Farbe im Bereich des Rüttlers entspricht der Ausgangslagerungsdichte
$\varrho = 1528$ kg/ m^3. Rote Bereiche sind dichter, blaue Bereiche sind weniger dicht.
Während der ersten Umdrehung (Abbildung 5.10) ist im Nachlauf des Rüttlers eine Auflockerung gegenüber der Ausgangslagerungsdichte zu sehen, die sich etwas
schneller vom Rüttler fortbewegt[11] als die Verdichtungszone vor dem Rüttler. In Abbildung 5.11 sehen wir die aktuelle Richtung der Schlagkraft F und der Auslenkung
u. Wir sehen, daß die Schlagkraft der Auslenkung vorauseilt.

Die Verteilung der Dichte während der Umdrehungen ist in Abbildung 5.12 dargestellt.

Hier sehen wir auch das zweite Problem des numerischen Verfahrens, nämlich die
Bevorzugung der Achsenrichtungen. Die numerisch berechnete bleibende Verdichtung breitet sich nicht kreisförmig aus, wie es in diesem homogenen Material sein
müßte, sondern bildet ein Kleeblatt[12], das in den Achsrichtungen die größten Abmessungen hat (Abbildung 5.13).

---

[11]Der Bereich der Auflockerung ist größer als der Bereich der Verdichtung.
[12]Vielleicht bringt dieses vierblättrige Kleeblatt auch Glück.

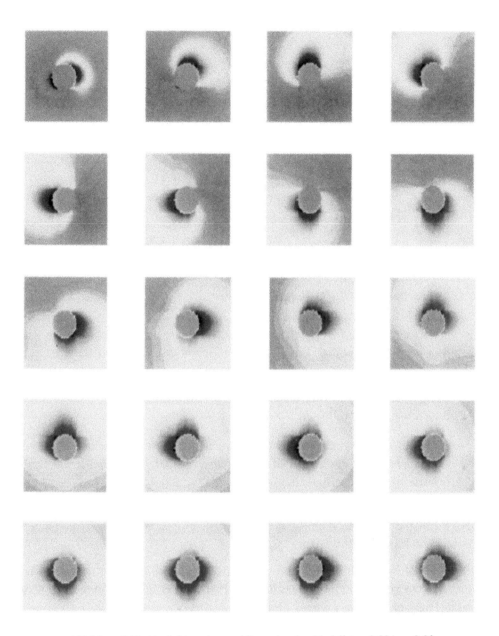

Abbildung 5.12: Verdichtung im zweidimensionalen Modell $t = 0.004 \ldots 0.08$ s

Figure 5.12: Compaction in the two-dimensional model $t = 0.004 \ldots 0.08$ s

Realistische Schlagkräfte konnten in diesem Modell nicht berechnet werden, da dann in gewissen Bereichen des Netzes die Hyperbolizität des Problems verloren ging. Im Rahmen dieser Arbeit wurde nicht untersucht, wie dann weitergerechnet werden kann. Dieses Problem bleibt somit für weitere Forschung offen.

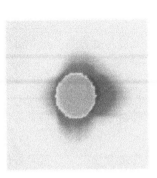

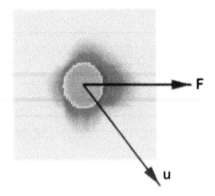

Abbildung 5.13: Verdichtung im zweidimensionalen Modell, Belastungsende

Figure 5.13: Density ϱ after two rotations

Abbildung 5.14: Richtung der Schlagkraft und
Auslenkung, $t = 0.08$ s

*Figure 5.14: Direction of the impact force and
displacement, $t = 0.08$ s*

5.3.1 Verbesserung des Riemannlösers
Improvement of the Riemann solver

Wie wir aus den vorigen Beispielen gesehen haben, ist der hier verwendete Riemannlöser noch nicht optimal. Er muß in zwei Richtungen verbessert werden.

- Berücksichtigen von Informationen des zweidimensionalen Problems direkt
  im Riemannlöser[13].

- Abfangen der imaginären Eigenwerte. Dazu muß noch untersucht werden, wie
  sich das Material in diesen Fällen theoretisch verhält, um dem Riemannlöser
  beizubringen, was er dann tun soll.

Diese Probleme sollen noch im Rahmen der Arbeitsgruppe **Geomath** an der Universität Innsbruck behandelt werden.

Nun stellt sich natürlich die Frage, warum das Verfahren von GODUNOV verwendet wurde, wo es doch im zweidimensionalen Fall keine besonders guten Ergebnisse
liefert. Hier sei nochmals darauf hingewiesen, daß durch die höhere Entlastungssteifigkeit Schockfronten entstehen. Für solche Berechnungen muß das numerisches
Verfahren also mit Schocks umgehen können. Das Verfahren von GODUNOV behandelt durch seine Konzeption Schocks sehr natürlich und muß daher keine besonderen
Tricks verwenden, die u.U. zu einer völlig falschen Lösung führen können.

Zum Schluß noch ein Zitat aus (LE VEQUE, 1992, S. 207):

---

[13]Bis jetzt wird nur jeweils ein eindimensionales Riemannproblem in einzelnen Streifen des Gebie-
tes gelöst. Dadurch geht Information verloren.

The development of outstanding fully mulitidimensional methods (and the required mathematical theory!) is one of the exciting challenges for the future in this field[14].

---

[14]Numerical Methods for Conservation Laws

Kapitel 6

Schlußfolgerungen
oder
„ Die Landung nach dem wissenschaftlichen Höhenflug"
Conclusions

Conclusions: Virtually the aim of this Ph.D.-thesis was to develop a "green signal lamp" which indicates when a certain soil density is achieved during deep vibration compaction. In the chapter 2 it was shown that this should be possible by measuring the amplitudes of the vibrator at its tip and shoulder, as well as the phase angle of the leading eccentric mass (see figure 2.14). Analysing these values during the vibration conclusions about a compaction success can be drawn. For the development of the "green signal lamp" field tests are still necessary.

In section 2.10 it was also shown that a frequency analysis of the acceleration signal possibly detects an irregular motion. This can be used as signal for a loss of permanent contact between soil and vibrator, against which an increasing of wash water could help[1].

Thus, the measurements suggested above can be used (additionally to the values measured so far) for the on-line compaction control *and quality control.*

In chapter 2 an approximation were developed for the estimation of the motion and the power consumption of the vibrator (sections 2.5.2, 2.6, 2.8). These can be used for designing new vibrators or for selecting a vibrator for a given soil.

From static considerations in chapter 3 the order of magnitude of the mechanical compaction work could be found. It was also obtained that measuring the consumed work of the vibrator does not give any informations on compaction success.

---

[1] A main criterion for the compaction success is a good flow of material into the developing gap between vibrator and soil (self feeding).

Analytic consideration of the one-dimensional inelastic wave propagation in chapter 4 yields an estimation of the compaction success in section 4.5.3. Thus a prediction of the necessary spacing in the compaction pattern and the compaction time can be given.

Two-dimensional computations in section 5 supplied realistic values for the compaction effect. Still further work will be necessary, in order to improve GODUNOV'*s method to obtain reliable results for realistic impact forces.*

The analysis of wave propagation shows that:

- *Vibrating with low frequency gives a large compacted area.*

- *A high impact force yields a high compaction per cycle.*

These two results are counteracting, since the impact force increases with the square of the frequency. Therefore an optimum has to be found by experiments.

Further a thin vibrator can easily penetrate. So, the time to bring the vibrator to the necessary depth is short. But a thin vibrator can only have a small eccentric mass, and thus the impact force is low. Again, an optimum should be found by experiments.

In der Hoffnung, daß dies keine Bruchlandung ist, möchte ich hier die Erkenntnisse dieser Arbeit zusammenfassen.

Das eigentliche Ziel war, eine „grüne Lampe" zu entwickeln, die aufleuchtet, wenn der Boden durch die Rütteldruckverdichtung eine gewisse Dichte erreicht hat. Im Kapitel 2 wurde gezeigt, daß dies durch Messen der Amplituden des Rüttlers an seiner Spitze und der Schulter, sowie des Vorlaufwinkels der Unwucht, möglich sein sollte (vgl. Abbildung 2.14). Aus den Änderungen dieser Meßwerte über die Rüttelzeit kann eine Aussage über einen Verdichtungserfolg getroffen werden. Zur Entwicklung der „grünen Lampe" sind aber noch Feldversuche notwendig, um die Umrechnung der Meßwerte in eine Verdichtungserhöhung zu kalibrieren.

Weiters wurde in Abschnitt 2.10 gezeigt, daß eine Frequenzanalyse des Beschleunigungssignals auf eine „unrunde" Bewegung schließen läßt. Dies könnte als Signal für ein Freischlagen indexRüttler!Freischlagendes Rüttlers verwendet werden, dem dann eventuell durch erhöhte Spülwasserzugabe entgegengewirkt werden kann[2].

---

[2]Ein wesentliches Kriterium für die Verdichtungswirkung ist nämlich ein gutes Nachfließen von Material in den entstehenden Spalt zwischen Rüttler und Boden im Nachlauf des Rüttlers.

Die oben vorgeschlagenen Messungen können also zusätzlich zu den bisher gemessenen Werten zu einer on-line Verdichtungskontrolle und Qualitätssicherung verwendet werden.

In Kapitel 2 wurden auch Näherungsformeln zur Abschätzung der Bewegung und der Leistungsaufnahme des Rüttlers im Boden entwickelt (Abschnitte 2.5.2, 2.6, 2.8). Diese können zur Vordimensionierung neuer Rüttler oder zur gezielten Vorauswahl eines bestimmten Rüttlers für ein bestimmtes Bauvorhaben verwendet werden.

Aus statischen Betrachtungen in Kapitel 3 konnte die Größenordnung der Verdichtungsarbeit gefunden werden. Hier wurde auch abgeschätzt, daß ein Messen der geleisteten Arbeit pro Rüttelpunkt wenig über die erreichte Verdichtung aussagt.

Analytische Betrachtungen der eindimensionalen anelastischen Wellenausbreitung in Kapitel 4 führten in Abschnitt 4.5.3 auf eine Abschätzung der Verdichtungswirkung. Damit kann eine Vorabschätzung des nötigen Verdichtungsrasters und der Verdichtungszeit gegeben werden.

Die zweidimensionalen Betrachtungen in Kapitel 5 lieferten in den Grenzen der Möglichkeiten des verallgemeinerten Verfahren von GODUNOV realistische Werte für die Verdichtungswirkung. Speziell hier wird noch weitere Arbeit nötig sein, um das Verfahren zu verbessern, und damit gesicherte Ergebnisse für realistische Schlagkräfte zu erhalten.

Aus den Berechnungen zur Wellenausbreitung sieht man, daß

- eine große Eindringtiefe mit niedriger Frequenz erreicht wird,

- und für eine große Verdichtung pro Zyklus eine hohe Schlagkraft günstig ist.

Die beiden Forderungen widersprechen sich in der Praxis, da die Schlagkraft mit dem Quadrat der Frequenz steigt. Hier gilt es durch Versuche ein Optimum zu finden.

Weiters ist ein schlanker Rüttler gut zu versenken. Damit ist die Zeit, um den Rüttler auf die erforderliche Tiefe zu bringen, klein. Aber in einem schlanken Rüttler findet auch nur eine kleine Unwucht Platz, und damit wird die Schlagkraft ebenfalls klein. Auch hier sollte durch Versuche ein Optimum gefunden werden.

Anhang A

Eine vollständige Version des hypoplastischen Stoffgesetzes
Hypoplastic constitutive law

Die objektive Spannungsrate wird nach VON WOLFFERSDORFF (1996) aus der folgenden tensoriellen Gleichung (HERLE, 1997, S 21 f)

$$\mathring{\mathbf{T}} = f_b f_e \frac{1}{\operatorname{tr}(\hat{\mathbf{T}} \cdot \hat{\mathbf{T}})} \left[F^2 \mathbf{D} + a^2 \hat{\mathbf{T}} \operatorname{tr}(\hat{\mathbf{T}} \cdot \mathbf{D}) + f_d a F(\hat{\mathbf{T}} + \hat{\mathbf{T}}^*) \|\mathbf{D}\| \right] \quad ,$$

mit

$$\hat{\mathbf{T}} := \frac{\mathbf{T}}{\operatorname{tr}\mathbf{T}} \quad , \quad \hat{\mathbf{T}}^* := \hat{\mathbf{T}} - \frac{1}{3}\mathbf{I} \quad ,$$

und

$$a := \frac{\sqrt{3}(3 - \sin\varphi_c)}{2\sqrt{2}\sin\varphi_c}$$

berechnet.

Darin sind

$$F := \sqrt{\frac{1}{8}\tan^2\psi + \frac{2 - \tan^2\psi}{2 + \sqrt{2}\tan\psi\cos 3\theta}} - \frac{1}{2\sqrt{2}}\tan\psi$$

mit

$$\tan\psi := \sqrt{3}\|\hat{\mathbf{T}}^*\|$$

und

$$\cos 3\theta := -\sqrt{6}\frac{\operatorname{tr}(\hat{\mathbf{T}}^* \cdot \hat{\mathbf{T}}^* \cdot \hat{\mathbf{T}}^*)}{\left[\operatorname{tr}(\hat{\mathbf{T}}^* \cdot \hat{\mathbf{T}}^*)\right]^{3/2}}$$

149

Die weiteren skalaren Faktoren sind:

$$f_d := \left(\frac{e - e_d}{e_c - e_d}\right)^{\alpha}$$

$$f_e := \left(\frac{e_c}{e}\right)^{\beta}$$

$$f_b := \frac{h_s}{n}\left(\frac{e_{i0}}{e_{c0}}\right)^{\beta}\frac{1 - e_i}{e_i}\left(\frac{3p_s}{h_s}\right)^{1-n}\left[3 + a^2 - a\sqrt{3}\left(\frac{e_{i0} - e_{d0}}{e_{c0} - e_{d0}}\right)^{\alpha}\right]^{-1}$$

mit

$$p_s := -\frac{\operatorname{tr}\mathbf{T}}{3}$$

Weiters gilt

$$\frac{e_i}{e_{i0}} = \frac{e_c}{e_{c0}} = \frac{e_d}{e_{d0}} = \exp\left[-\left(\frac{3p_s}{h_s}\right)^n\right]\quad.$$

Damit hat das Stoffgesetz insgesamt 8 Parameter: den kritischen Reibungswinkel φ_c, die Granulathärte h_s, die Porenzahlen e_{i0}, e_{c0} und e_{d0} und die Exponenten n und β. Die Bestimmung dieser Werte ist in HERLE (1997) beschrieben.

Für Karlsruher Sand sind diese Parameter nach HERLE (1997, S 54).

φ_c [°]	h_s [MPa]	n	e_{d0}	e_{c0}	e_{i0}	α	β
30	5800	0.28	0.53	0.84	1.00	0.13	1.05

Anhang B

Kontinuumsmechanische Betrachtung der nichtlinearen Wellenausbreitung
One-dimensional continuum mechanics

Hier soll die Wellenausbreitung in einem eindimensionalen Kontinuum aus Granulat mit einem Stoffgesetz mit verschiedenen Steifigkeiten für Be- und Entlastung untersucht werden.

B.1 Mathematische Grundbegriffe
Mathematical fundamentals

Um einige Verwirrungen durch die üblichen Schreibweisen auszuschließen, die erst auffallen, wenn man sehr ins Detail geht, wird hier eine etwas unübliche Schreibweise gewählt und im folgenden erklärt.

Es werden, auch wenn das manchmal umständlich ist, die Argumente der Funktionen angegeben. Die Funktionen werden mit anderen Buchstaben als ihre Funktionswerte bezeichnet. Auf jeden Fall ist eine Funktion durch die mitangegebene Argumentenliste zu identifizieren.

So bedeutet zum Beispiel $x = \chi(X, t)$, daß x der Funktionswert der Funktion χ mit der ersten Variablen X und der zweiten Variablen t ist.

151

B.1.1   Partielle Ableitung
Partial derivative

Für die partielle Ableitung gibt es auch viele Schreibweisen. Hier ist eine etwas unüblichere gewählt worden. Dies aber nicht nur der Ersparung von Schreibarbeit zuliebe, sondern auch der Klarheit halber (vgl. Abschnitt B.6).

Die partielle Ableitung

$$\partial_1\chi(X,t) = \lim_{\Delta X \to 0} \frac{\chi(X + \Delta X, t) - \chi(X,t)}{\chi(X,t)} = \frac{\partial\chi}{\partial X}(X,t)$$

bedeutet die Ableitung der Funktion χ nach der ersten Variablen, bei festgehaltener zweiten und anschließendem Einsetzen der Argumente X und t. Siehe Anhang B.6.

Im gleichen Sinn bedeutet

$$\partial_2\chi(X,t) = \frac{\partial\chi}{\partial t}(X,t)$$

die Ableitung der Funktion χ nach der zweiten Variablen, bei festgehaltener ersten und anschließendem Einsetzen der Argumente X und t.

Für die zweiten Ableitungen wollen wir schreiben:

$$\partial_1^2\chi(X,t) = \frac{\partial^2\chi}{\partial X^2}(X,t) \ , \ \partial_2^2\chi(X,t) = \frac{\partial^2\chi}{\partial t^2}(X,t) \ , \ \partial_{12}^2\chi(X,t) = \frac{\partial^2\chi}{\partial X\,\partial t}(X,t)$$

B.1.2   Totale Ableitung
Absolute derivative

Die totale Ableitung einer Funktion $\chi(a,b)$ nach der Zeit wird mit $\dot{\chi}(a,b)$ bezeichnet und berechnet sich als:

$$\dot{\chi}(a,b) = \frac{d\chi}{dt}(a,b) = \partial_1\chi(a,b) \cdot \frac{da}{dt} + \partial_2\chi(a,b) \cdot \frac{db}{dt}$$

Ist zum Beispiel $a = A(X,t)$, wobei X nicht von t abhängt, und $b = t$, so wird das zu

$$
\begin{aligned}
\dot{\chi}\big(A(X,t),t\big) &= \partial_1\chi\big(A(X,t),t\big) \cdot \frac{dA}{dt}(X,t) + \partial_2\chi\big(A(X,t),t\big) \\
&= \partial_1\chi\big(A(X,t),t\big) \cdot \frac{\partial A}{\partial t}(X,t) + \partial_2\chi\big(A(X,t),t\big) \quad .
\end{aligned}
$$

B.2 Kontinuumsmechanische Grundbegriffe
Continuum mechanics fundamentals

B.2.1 Koordinaten
Coordinates

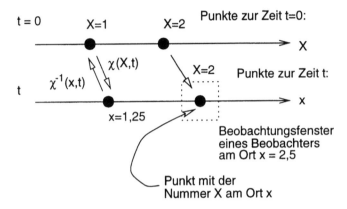

Abbildung B.1: Bewegung von Punkten eines eindimensionalen Kontinuums

Figure B.1: Motion of material points in an one-dimensional continuum

Mit X werden die Punkte (Materialpunkte, Teilchen) gekennzeichnet[1].

Der Funktionswert x der Funktion $\chi(X, t)$ ist der Ort, an dem sich das Teilchen X zur Zeit t befindet. $\chi(X, t)$ für festes X ist also eine Trajektorie bzw. Bahnlinie.

Der Funktionswert X der Funktion $\chi^{-1}(x, t)$ ist die Kennzeichnung jenes Punktes, der zur Zeit t gerade am Ort x ist.

Es gelten offensichtlich folgende Relationen:

$$\chi\left(\chi^{-1}(x,t),t\right) \;=\; x \quad \text{für alle } x \tag{B.1}$$

$$\chi^{-1}\left(\chi(X,t),t\right) \;=\; X \quad \text{für alle } X \tag{B.2}$$

Das bedeutet, daß χ^{-1} die Umkehrfunktion von χ ist.

Als Kennzeichnung der Punkte werden üblicherweise die Koordinaten der Punkte des Kontinuums zur Zeit $t = 0$, also $X = \chi^{-1}(x, t = 0)$, verwendet (Referenzkonfiguration).

Damit sind X die sogenannten materiellen oder Lagrangekoordinaten , und x die örtlichen oder Eulerkoordinaten.

---

[1]Wenn man sich endlich viele Teilchen vorstellt, kann man das auch als Numerierung der Teilchen verstehen.

B.2.2 Zeitableitungen
Time derivative

Geschwindigkeit

Die Geschwindigkeit des Punktes X zum Zeitpunkt t wird durch die Tangente an die Bahnlinie beschrieben, also gerade

$$\dot{\chi}(X,t) = \frac{d}{dt}\left[\chi(X,t)\right] = \frac{d\chi}{dt}(X,t) = \partial_2\chi(X,t) \quad \text{für alle } X \quad . \tag{B.3}$$

In diesem Fall ist das totale Differential von χ nach t gleich der partiellen Ableitung, da die Kennzeichnung des Punktes X nicht von der Zeit t abhängt.

Die Betrachtungsweise in Eulerkoordinaten bedeutet, daß ein Beobachter an einem festen Ort x sitzt und verschiedene Punkte X mit ihren Eigenschaften beobachtet. Der Beobachter sieht als Geschwindigkeit zur Zeit t die Geschwindigkeit desjenigen Punktes X, welcher zur Zeit t am Ort x ist (Abbildung B.1). Diesen Punkt finden wir mit der Funktion $\chi^{-1}(x,t)$.

Die räumliche Beschreibung der Geschwindigkeit ist also:

$$v(x,t) = \frac{d}{dt}\left[\chi(X,t)\right]_{X=\chi^{-1}(x,t)} = \dot{\chi}\left(\chi^{-1}(x,t),t\right) \quad \text{für alle } x \tag{B.4}$$

Bemerkung: Wenn wir speziell für $x = \chi(X,t)$ setzen, also an jener Stelle x beobachten, an der sich gerade der Punkt X zur Zeit t befindet, sehen wir, daß das gerade die Geschwindigkeit dieses Punktes ist. Unter Verwendung von (B.2) erhalten wir aus (B.4):

$$v\left(\chi(X,t),t\right) = \dot{\chi}\left(\chi^{-1}\left(\chi(X,t),t\right)\right) = \dot{\chi}(X,t) \tag{B.5}$$

Beschleunigung

Die Beschleunigung ist die Änderung der Geschwindigkeit entlang der Bahnlinie $\chi(X,t)$:

$$\ddot{\chi}(X,t) = \frac{d}{dt}\left[\dot{\chi}(X,t)\right] = \frac{d\dot{\chi}}{dt}(X,t) = \partial_2^2\chi(X,t) \tag{B.6}$$

Bei bekannter Funktion χ und ihrer Umkehrfunktion χ^{-1} ist die Berechnung der Beschleunigung in Eulerkoordinaten einfach. Man berechnet die Beschleunigung in

Lagrangekoordinaten nach Gleichung B.6 und setzt dann in das Ergebnis statt X die Funktion $\chi^{-1}(x,t)$ ein.

Ist aber die Geschwindigkeit nur in räumlicher Beschreibung $v(x,t)$ bekannt, müssen wir die Beschleunigung so ausdrücken, daß sie mit bekannten Größen berechnet werden kann. Wir berechnen die Beschleunigung jenes Punktes, der gerade am Ort x ist

$$\ddot{\chi}\Big(\chi^{-1}(x,t),t\Big) = \frac{d}{dt}\Big[\dot{\chi}(X,t)\Big]_{X=\chi^{-1}(x,t)} \quad .$$

$\dot{\chi}(X,t)$ ersetzen wir nach Gleichung B.5 und erhalten somit die materielle Zeitableitung der Geschwindigkeit in Eulerkoordinaten[2]:

$$\dot{v}(x,t) = \frac{d}{dt}\Big[\underbrace{v\Big(\chi(X,t),t\Big)}_{\dot{\chi}(X,t)}\Big]_{X=\chi^{-1}(x,t)}$$

Das bedeutet, es wird zuerst das totale Differential von $v\Big(\chi(X,t),t\Big)$ gebildet, und dann der spezielle Punkt $X=\chi^{-1}(x,t)$ eingesetzt.

Anders ausgedrückt ist $\dot{v}$ die Zeitableitung von v für einen fixen Materialpunkt. Wir müssen also, um $\dot{v}$ auszurechnen, v in Lagrangekoordinaten überführen, die Zeitableitung bilden und wieder in Eulerkoordinaten zurücktransferieren (GURTIN, 1981).

$$\begin{aligned} \dot{v}(x,t) &= \frac{d}{dt}\Big[v\Big(\chi(X,t),t\Big)\Big]_{X=\chi^{-1}(x,t)} \\ &= \Big[\partial_1 v\Big(\chi(X,t),t\Big)\cdot\underbrace{\partial_2\chi(X,t)}_{\dot{\chi}(X,t)}+\partial_2 v\Big(\chi(X,t),t\Big)\Big]_{X=\chi^{-1}(x,t)} \end{aligned}$$

Darin bedeutet $\partial_1 v\Big(\chi(X,t),t\Big)$ die partielle Ableitung von v nach der ersten Variablen bei festgehaltener zweiten, mit anschließendem Einsetzen von $\chi(X,t)$ für die erste Variable und t für die zweite. $\partial_2\chi(X,t)$ ist nach Gleichung B.3 gleich $\dot{\chi}(X,t)$. Setzen wir nun den Punkt $X=\chi^{-1}(x,t)$ ein, erhalten wir mit Gleichung B.1:

$$\dot{v}(x,t) = \partial_1 v(x,t)\cdot\dot{\chi}\Big(\chi^{-1}(x,t),t\Big)+\partial_2 v(x,t)$$

---

[2]Eine andere Betrachtungsweise dieses Vorgehens ist folgende. An seinem festen Ort x sieht der Beobachter die Beschleunigung eines bestimmten Punktes X, und zwar jenes der zur Zeit t gerade in x ist. Dieser Punkt bewegt sich auf der Bahnlinie $\chi(X,t)$. Wir müssen also zunächst die Geschwindigkeiten der Punkte auf ihren Bahnlinien $\chi(X,t)$ ermitteln. Das ist $\dot{\chi}(X,t) = v\Big(\chi(X,t),t\Big)$. Wir betrachten dann die zeitliche Änderung der Geschwindigkeiten auf diesen Bahnlinien und setzen speziell jenen Punkt ein, der zur Zeit t gerade am Ort x ist, also $X=\chi^{-1}(x,t)$.

Mit Gleichung B.4 erhalten wir somit

$$\dot{v}(x,t) = \partial_1 v(x,t) \cdot v(x,t) + \partial_2 v(x,t) \quad . \tag{B.7}$$

Für eine stationäre Strömung mit gekrümmten Stromlinien ist z.B. die lokale zeitliche Änderung der Geschwindigkeit, die sogenannte *substantielle Beschleunigung* $\partial_2 v(x,t) = 0$. Die sogenannte *konvektive Beschleunigung* $\partial_1 v(x,t) \cdot v(x,t)$ ist aber nicht gleich Null, da die Teilchen nur durch eine Beschleunigung normal zu ihrer Bahnlinie (=Stromlinie im stationären Fall) abgelenkt werden können.

B.2.3 Verschiebung
Displacement

Wir definieren nun die Verschiebung eines Punktes als

$$U(X,t) := \chi(X,t) - X \quad , \tag{B.8}$$

seine augenblickliche Lage minus der Ausgangslage.

Der Ort, an dem sich der Punkt X zur Zeit t befindet, ist damit

$$\chi(X,t) = U(X,t) + X \quad . \tag{B.9}$$

B.3 Eindimensionale Wellengleichung
One-dimensional wave equation

B.3.1 Eulerkoordinaten
Euler coordinates, spatial description

Die Dichte $\varrho(x,t)$ des Kontinuums und die Geschwindigkeit $v(x,t)$ sind als Funktion der Eulerkoordinaten x und der Zeit t gegeben. Es gelten die Massenerhaltung und die Impulsbilanz (ROBERTS, 1994).

Massenerhaltung

Die Massenerhaltung am Ort x lautet:

$$\partial_2 \varrho(x,t) + \partial_1 \big(\varrho v\big)(x,t) = 0 \tag{B.10}$$

Impulsbilanz

Ohne äußere Kräfte (Gravitation, Randkräfte, ...) ist die Impulsbilanz am Ort x:

$$\partial_2\Big(\varrho v\Big)(x,t) + \partial_1\Big(\varrho v \cdot v\Big)(x,t) = \partial_1 T(x,t) \quad , \tag{B.11}$$

worin $T(x,t)$ die Cauchy Spannung ist.

Werten wir die Differentiale aus, erhalten wir

$$\partial_2\varrho(x,t) \cdot v(x,t) + \varrho(x,t) \cdot \partial_2 v(x,t) + \partial_1\Big(\varrho v\Big)(x,t) \cdot v(x,t)$$
$$+\varrho(x,t) \cdot v(x,t) \cdot \partial_1 v(x,t) = \partial_1 T(x,t) \quad .$$

Umgruppieren und Benützen der Massenerhaltung (B.10), sowie der materiellen Zeitableitung der Geschwindigkeit, (B.7) führt auf:

$$v(x,t) \cdot \underbrace{\Big[\partial_2\varrho(x,t) + \partial_1(\varrho v)(x,t)\Big]}_{=0} + \varrho(x,t) \cdot \underbrace{\Big[\partial_2 v(x,t) + v(x,t) \cdot \partial_1 v(x,t)\Big]}_{\dot{v}(x,t)}$$
$$= \partial_1 T(x,t)$$

Wellengleichung

Damit lautet die Wellengleichung in Eulerkoordinaten:

$$\dot{v}(x,t) = \frac{1}{\varrho(x,t)}\partial_1 T(x,t) \tag{B.12}$$

Diese Form hat vor allem den Nachteil, daß die Lage der Ränder des Stabes nicht bekannt sind. Wenn ich an einer Stelle x beobachte, kann einmal der Rand des Stabes rechts und einmal links von x liegen. Einmal ist also Material an der Beobachtungsstelle und einmal nicht.

Damit sind die Randbedingungen sehr schwer zu formulieren. Davon abgesehen werden auch die Differentialgleichungen für die Verschiebungen ziemlich umständlich. Auch ähneln sie dann den NAVIER STOKES Gleichungen, und die sind bekanntlich numerisch sehr schwer zu handhaben.

B.3.2 Materielle Koordinaten
Lagrangean coordinates, material description

Wir wollen die Wellengleichung nun in materielle Koordinaten überführen. Das bedeutet, wir wollen in den Argumentenlisten der Funktionen die Variablen (X,t) erhalten.

Umformen der Geschwindigkeit

Zuerst soll die linke Seite der Wellengleichung $\dot{v}(x,t)$ in eine Funktion übergeführt werden, die als Argumente (X,t) besitzt.

Dazu betrachten wir die partielle Ableitung der Verschiebung nach der Zeit. Mit Definition B.8 erhalten wir

$$\partial_2 U(X,t) = \partial_2 \chi(X,t) = \dot{\chi}(X,t) \quad .$$

Setzen wir statt X die Funktion $\chi^{-1}(x,t)$ ein, so erhalten wir

$$\partial_2 U\Big(\chi^{-1}(x,t),t\Big) = \dot{\chi}\Big(\chi^{-1}(x,t),t\Big) \quad .$$

Aus Gleichung B.4 folgt somit direkt

$$v(x,t) = \partial_2 U\Big(\chi^{-1}(x,t),t\Big) \quad .$$

Setzen wir statt x die Funktion $\chi(X,t)$ ein, gilt mit Gleichung B.2 auch

$$v\Big(\chi(X,t),t\Big) = \partial_2 U\Big(\chi^{-1}\big(\chi(X,t),t\big),t\Big) = \partial_2 U(X,t) \quad .$$

Bilden wir nun das totale Differential der Geschwindigkeit nach der Zeit:

$$\dot{v}(x,t) = \frac{d}{dt}\Big[v\big(\chi(X,t),t\big)\Big]_{X=\chi^{-1}(x,t)} = \frac{d}{dt}\Big[\partial_2 U(X,t)\Big]_{X=\chi^{-1}(x,t)}$$

Das ist, weil X nicht von t abhängt,

$$\dot{v}(x,t) = \Big[\partial_2^2 U(X,t)\Big]_{X=\chi^{-1}(x,t)} = \partial_2^2 U\Big(\chi^{-1}(x,t),t\Big) \quad . \tag{B.13}$$

Setzen wir das auf der linken Seite der Wellengleichung B.12 ein, erhalten wir

$$\partial_2^2 U\Big(\chi^{-1}(x,t),t\Big) = \frac{1}{\varrho(x,t)}\partial_1 T(x,t) \quad .$$

Setzen wir für das Argument x wieder die Funktion $\chi(X,t)$ ein, so erhalten wir mit Gleichung B.2

$$\partial_2^2 U(X,t) = \frac{1}{\varrho\big(\chi(X,t),t\big)}\partial_1 T\Big(\chi(X,t),t\Big) \quad . \tag{B.14}$$

Umformen der Spannung

Auch das räumliche Spannungsfeld $T(x,t)$ kann umgeformt werden.

Dazu führen wir eine neue Funktion für die Spannung ein[3]

$$^I P(X,t) = T\Big(\chi(X,t),t\Big)$$

und bilden die partielle Ableitung nach der materiellen Koordinate X

$$\partial_1{}^I P(X,t) = \partial_1 T\Big(\chi(X,t),t\Big) \cdot \partial_1 \chi(X,t) \quad .$$

Damit läßt sich die Wellengleichung B.14 schreiben

$$\partial_2^2 U(X,t) = \frac{1}{\varrho\big(\chi(X,t),t\big)} \frac{\partial_1{}^I P(X,t)}{\partial_1 \chi(X,t)} \quad .$$

Das Umformen der Spannung ist damit fast fertig. Wir müssen nur noch $\partial_1 \chi(X,t)$ ausdrücken. Dazu leiten wir einfach Gleichung B.9 nach X ab:

$$\partial_1 \chi(X,t) = \partial_1 U(X,t) + 1$$

Damit wird die Wellengleichung zu:

$$\big[1 + \partial_1 U(X,t)\big]\partial_2^2 U(X,t) = \frac{1}{\varrho\big(\chi(X,t),t\big)}\partial_1{}^I P(X,t) \quad . \tag{B.15}$$

Umformen der Dichte

Als letztes muß das räumliche Dichtefeld $\varrho\big(\chi(X,t),t\big)$ in eine materielle Form gebracht werden.

Dazu betrachten wir das eindimensionale Kontinuum mit der Dichte $\varrho_0(X)$ im unverformten Zustand (zur Zeit $t = 0$) und der Dichte $\varrho(x,t)$ im verformten Zustand (Abbildung B.2).

Die Masse im verformten Zustand muß gleich der Masse im unverformten sein

$$\int_a^b \varrho(x,t)\,dx = \int_\alpha^\beta \varrho_0(X)\,dX \quad . \tag{B.16}$$

---

[3]Dies ist rein formell, aber wichtig, um Verwirrung zu vermeiden. Die Schreibweise verdeutlicht das unterschiedliche Aussehen der Funktionen durch ihre verschiedenen Argumente. So sei zum Beispiel $T(x,t) = 2x^2 - t$. Setzen wir nun für $x = \sin(X+t)$ so wird $T\Big(\chi(X,t),t\Big) = 2\sin^2(X+t) - t$ und sieht anders aus als $T(X,t) = 2X^2 - t$. Somit ist $^I P(X,t) = T\Big(\chi(X,t),t\Big) \neq T(X,t)$.

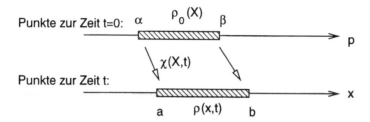

Abbildung B.2: Änderung der Dichte durch Verformung

Figure B.2: Change of density due to deformation

Dann führen wir am Integral auf der linken Seite eine Koordinatentransformation $x = \chi(X, t)$, $dx = \partial_1 \chi(X, t)\, dX$ aus (für $x = a$ ist $X = \alpha$ und für $x = b$ ist $X = \beta$):

$$\int_a^b \varrho(x, t)\, dx = \int_\alpha^\beta \varrho\big(\chi(X, t), t\big) \cdot \partial_1 \chi(X, t)\, dX \tag{B.17}$$

Durch Vergleichen von B.16 und B.17 erhält man die Massenerhaltung in Lagrangekoordinaten:

$$\int_\alpha^\beta \Big[\varrho_0(X) - \varrho\big(\chi(X, t), t\big) \cdot \partial_1 \chi(X, t)\Big] dX = 0$$

Nachdem dies für alle α und β gelten muß, ist der Integrand Null

$$\varrho_0(X) - \varrho\big(\chi(X, t), t\big) \cdot \partial_1 \chi(X, t) \equiv 0 \quad .$$

Daraus ergibt sich eine Beziehung der aktuellen Dichte in Eulerkoordinaten zur Ursprungsdichte

$$\frac{\varrho_0(X)}{\varrho\big(\chi(X, t), t\big)} = \partial_1 \chi(X, t) = 1 + \partial_1 U(X, t) \quad .$$

Setzen wir dies in Gleichung B.15 ein, erhalten wir die Wellengleichung in materiellen Koordinaten zu:

$$\partial_2^2 U(X, t) = \frac{1}{\varrho_0(X)} \partial_1{}^I P(X, t) \quad . \tag{B.18}$$

B.3.3 Deformation, Verzerrung
Deformations, Strains

Lagrange Koordinaten

Wir suchen eine Funktion, die ein materielles Linienelement ΔX der Referenzkonfiguration in ein materielles Linienelement $\Delta x = \chi(X + \Delta X, t) - \chi(X, t)$ in der

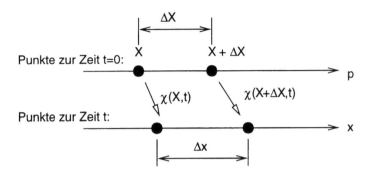

Abbildung B.3: Abstandsänderung in einem eindimensionalen Kontinuum

Figure B.3: Change of distance in a one-dimensional continuum

Momentankonfiguration überführt:

$$F(X,t)\Delta X \approx \Delta x = \chi(X + \Delta X, t) - \chi(X, t)$$

Für infinitesimale Linienelemente $\Delta X \to 0$ stimmt diese Gleichung exakt.

Der Deformationsgradient F wird also definiert:

$$F(X,t) := \lim_{\Delta X \to 0} \frac{\chi(X + \Delta X, t) - \chi(X, t)}{\Delta X} = \partial_1 \chi(X, t) \quad , \qquad \text{(B.19)}$$

oder mit Gleichung B.9 durch die Verschiebung ausgedrückt

$$F(X,t) = \partial_1 U(X,t) + 1 \quad .$$

Die Rücktransformation von Linienelementen geschieht mit

$$\left(F(X,t)\right)^{-1} = \frac{1}{F(X,t)} \quad .$$

Aus der Definition des Deformationsgradienten (B.19) folgt direkt

$$\frac{1}{F(X,t)} - \frac{1}{\partial_1 \chi(X,t)} \quad .$$

Ein mögliches Verzerrungsmaß[4] erhält man durch Vergleich der Metrik des verformten Zustandes mit der Metrik des unverformten Zustandes (Abbildung B.3). Zur Beschreibung von großen Verschiebungen hat sich eingebürgert, die Differenz der

---

[4]Für die Verwendung in einem Stoffgesetz soll ein Verzerrungsmaß für verschwindende Verformungen den Wert 0 annehmen. Damit eignet sich der Deformationsgradient F nicht als Verzerrungsmaß, da er für verschwindende Verformungen den Wert 1 hat. Außerdem beinhaltet er im mehrdimensionalen Fall auch Rotationen, die in den üblichen Stoffen keine Spannung hervorrufen

Quadrate der linienelementen als Maß für die Verzerrungen im lokalen Bereich zu verwenden (ALTENBACH und ALTENBACH, 1994):

$$(\Delta x)^2 - (\Delta X)^2 = B(X, t, \Delta X) \cdot (\Delta X)^2$$

Die Funktion B ist also

$$B(X, t, \Delta X) = \frac{(\Delta x)^2 - (\Delta X)^2}{(\Delta X)^2} = \left(\frac{\Delta x}{\Delta X}\right)^2 - 1 \quad .$$

Für den Grenzübergang $\Delta X \to 0$ wird die Funktion B als das doppelte Greensche oder Lagrangesche Verzerrungsmaß definiert:

$$
\begin{aligned}
2E(X, t) \quad &:= \quad \lim_{\Delta X \to 0} B(X, t, \Delta X) = \lim_{\Delta X \to 0} \left(\frac{\Delta x}{\Delta X}\right)^2 - 1 \\
&= \quad \left(\lim_{\Delta X \to 0} \frac{\Delta x}{\Delta X}\right)^2 - 1 = F(X, t)^2 - 1
\end{aligned}
$$

Das Greensche Verzerrungsmaß wird durch die Verschiebungen (Gleichung B.9) ausgedrückt:

$$E(X, t) = \frac{1}{2}\left[\left(\partial_1 \chi(X, t)\right)^2 - 1\right] = \partial_1 U(X, t) + \frac{1}{2}\left(\partial_1 U(X, t)\right)^2 \quad \text{(B.20)}$$

Euler Koordinaten

Wie im vorigen Abschnitt wird die Differenz der Quadrate von Linienelementen als Maß für die Verzerrungen im lokalen Bereich verwendet:

$$(\Delta x)^2 - (\Delta X)^2 = b(x, t, \Delta x) \cdot (\Delta x)^2$$

Die Funktion b ist also

$$b(x, t, \Delta x) = \frac{(\Delta x)^2 - (\Delta X)^2}{(\Delta x)^2} = 1 - \left(\frac{\Delta X}{\Delta x}\right)^2 \quad .$$

Für den Grenzübergang $\Delta x \to 0$ wird die Funktion b als das doppelte Almansi oder Eulersche Verzerrungsmaß definiert:

$$
\begin{aligned}
2e(x, t) \quad &:= \quad \lim_{\Delta x \to 0} b(x, t, \Delta x) = \lim_{\Delta x \to 0} 1 - \left(\frac{\Delta X}{\Delta x}\right)^2 \\
&= \quad 1 - \left(\lim_{\Delta X \to 0} \frac{\chi^{-1}(x + \Delta x, t) - \chi^{-1}(x, t)}{\Delta x}\right)^2 = 1 - \left(\partial_1 \chi^{-1}(x, t)\right)^2
\end{aligned}
$$

Die Verschiebung in Eulerkoordinaten ist aus der Definition der Verschiebung in Lagrange Koordinaten B.8 mit $X = \chi^{-1}(x,t)$

$$U\left(\chi^{-1}(x,t),t\right) = \chi\left(\chi^{-1}(x,t),t\right) - \chi^{-1}(x,t)$$
$$u(x,t) = x - \chi^{-1}(x,t) \quad .$$

Damit erhalten wir

$$\partial_1 \chi^{-1}(x,t) = 1 - \partial_1 u(x,t) \quad ,$$

und das Alemansi Verzerrungsmaß durch die Verschiebungen ausgedrückt:

$$e(x,t) = \frac{1}{2}\left(\partial_1 u(x,t)\right)^2 - \partial_1 u(x,t)$$

Linearisierung

Linearisierten wir das Eulersche Dehnungsmaß, erhalten wir (durch vernachlässigen der quadratischen Terme) die Cauchysche Dehnung:

$$\varepsilon(x,t) = \partial_1 u(x,t)$$

Weil für kleine Verformungen die Lagrangekoordinaten ungefähr mit den Eulerkoordinaten zusammenfallen, hat auch die Linearisierung des Lagrangen Dehnungsmaßes $\epsilon(X,t) = \partial_1 U(X,t)$ den Wert der Cauchyschen Dehnung.

B.3.4   Spannungsdarstellungen im Referenzsystem
Stresses in the reference configuration

Die Cauchy Spannung $T(x,t)$ wirkt auf die verformten Fläche A. Die erste Piola Kirchhoff Spannung $^I P$ ist die Spannung $T(x,t)$ bezogen auf die unverformte Fläche A_0. Im eindimensionalen Kontinuum bleibt die Bezugsfläche gleich, demnach ist

$$^I P(X,t) = T\left(\chi(X,t),t\right) \quad .$$

Wird die Spannung mit Hilfe des Deformationsgradienten in das unverformte System transformiert, erhalten wir die zweite Piola Kirchhoff Spannung:

$$^{II} P(X,t) = \left(F(X,t)\right)^{-1}{}^I P(X,t) = \frac{^I P(X,t)}{\partial_1 \chi(X,t)}$$

B.4   Linear elastisches Stoffgesetz
Linear-elastic constitutive law

Ein Stoffgesetz muß die Spannung mit einer geeigneten kinematischen Größe verknüpfen. Dies führt zu Paaren von Spannungsgrößen und dazu konjugierten kinematischen Größen, deren Produkte über das entsprechende Volumen aufintegriert
zur selben Verformungsarbeit führen müssen. So kann man für eine virtuelle Ver-
formung[5] $\delta u(x,t)$ und $\delta\varepsilon(x,t) = \partial_1\big(\delta u(x,t)\big)$, die virtuelle Verformungsarbeit in
folgenden Formeln ausdrücken (MALVERN, 1969)

$$\int_V T(x,t)\,\delta\varepsilon(x,t)\,dV = \int_{V_0} {}^I\!P(X,t)\,\delta F(X,t)\,dV = \int_{V_0} {}^{II}\!P(X,t)\,\delta E(X,t)\,dV \quad ,$$

worin V_0 ein Volumen in der Referenzkonfiguration ist. V_0 wird durch die Verformung in V übergeführt. V ist also das entsprechende Volumen in der Momentankonfiguration.

Auch aus der Berechnung der Verzerrungsleistung wirklicher Verschiebungen folgt,
daß folgende Spannungs und kinematischen Größen zusammengehören (ALTEN-
BACH und ALTENBACH, 1994):

$$T(x,t), D(x,t) = \partial_1 v(x,t) \;\; \text{oder} \;\; {}^I\!P(X,t), \dot{F}(X,t) \;\; \text{oder} \;\; {}^{II}\!P(X,t), \dot{E}(X,t)$$

Ein Stoffgesetz soll nun die entsprechenden Größen mit einander verknüpfen. Für
den einfachen Fall eines linear elastischen Stoffgesetzes (Hooke) ist das

$$ {}^{II}\!P(X,t) = CE(X,t) = C\left(\partial_1 U(X,t) + \frac{1}{2}\big(\partial_1 U(X,t)\big)^2\right) \quad .$$

Für die in der Wellengleichung verwendete erste Piola Kirchoff Spannung ${}^I\!P$
schreibt sich das Stoffgesetz also

$$
\begin{aligned}
{}^I\!P(X,t) &= CF(X,t)E(X,t) \\
&= C\left[1 + \partial_1 U(X,t)\right]\left[\partial_1 U(X,t) + \frac{1}{2}\big(\partial_1 U(X,t)\big)^2\right] \quad .
\end{aligned}
$$

Die benötigte Ableitung nach der materiellen Koordinate X wird dann zu:

$$
\begin{aligned}
\partial_1 {}^I\!P(X,t) &= C\partial_1(F(X,t)E(X,t)) \\
&= C\partial_1^2 U(X,t)\left[1 + 3\partial_1 U(X,t) + \frac{3}{2}\big(\partial_1 U(X,t)\big)^2\right]
\end{aligned}
$$

---

[5]Beachte, daß virtuelle Verformungen infinitesimal sind. Deshalb ist die Verzerrung linearisiert. Es
gilt übrigens $u(x,t) = x - \chi^{-1}(x,t)$ und $u\big(\chi(X,t),t\big) = U(X,t)$.

Die Wellengleichung B.18 wird damit zu:

$$\partial_2^2 U(X,t) = \frac{C}{\varrho_0(X)} \partial_1^2 U(X,t) \left[\partial_1 U(X,t) + \frac{1}{2} \big(\partial_1 U(X,t)\big)^2 \right] \qquad \text{(B.21)}$$

oder

$$
\begin{aligned}
\partial_2^2 U(X,t) &= \frac{C}{\varrho_0(X)} \cdot \partial_1 \big(F(X,t) E(X,t) \big) \\
&= \frac{C}{\varrho_0(X)} \cdot \partial_1 \left(\partial_1 U(X,t) + \frac{3}{2}\big(\partial_1 U(X,t)\big)^2 + \frac{1}{2}\big(\partial_1 U(X,t)\big)^3 \right) \quad .
\end{aligned}
$$

Mit Einschränkung der Allgemeinheit, aber für das Rütteldruckverdichtungsproblem gerechtfertigt, kann die Annahme getroffen werden, daß die Dichte zur Zeit $t = 0$ gleich verteilt ist. Also $\varrho_0(X) = \varrho_0$ ist konstant über X. Damit läßt sich die Wellengleichung B.18 in eine Erhaltungsform umschreiben, da wir annehmen, daß die Dichte am Anfang gleich verteilt sein soll,

$$\partial_2^2 U(X,t) = \partial_1 \left[\frac{C}{\varrho_0} \left(\partial_1 U(X,t) + \frac{3}{2}\big(\partial_1 U(X,t)\big)^2 + \frac{1}{2}\big(\partial_1 U(X,t)\big)^3 \right) \right] \quad .$$

Wir führen nun die neuen Variablen

$$\partial_1 U = W \quad , \quad \partial_2 U = V$$

ein. Für sie gilt

$$\partial_2 W = \partial_1 V \quad ,$$

und die Wellengleichung wird zu

$$\partial_2 V - \partial_1 \left(\frac{C}{\varrho_0} \left[W + \frac{3}{2}W^2 + \frac{1}{2}W^3 \right] \right)$$

Das läßt sich als System von Differentialgleichungen schreiben.

$$\partial_2 \begin{pmatrix} V \\ W \end{pmatrix} = \partial_1 \mathbf{F}(V,W) \quad , \quad \mathbf{F} = \begin{pmatrix} \frac{C}{\varrho_0}\left[W + \frac{3}{2}W^2 + \frac{1}{2}W^3 \right] \\ V \end{pmatrix} \qquad \text{(B.22)}$$

Dieses System in Form einer Erhaltungsgleichung kann z.B. mit Hilfe des CLA-WPACK - Programmpaketes von LE VEQUE (1994) numerisch gelöst werden.

B.5 Verschiedene Steifigkeiten
Different loading and unloading stiffnesses

Für kleine Verformungen $x \approx X$ ist die Wellengleichung:

$$\partial_2^2 U(X,t) = \frac{1}{\varrho_0(X)} \partial_1{}^I P(X,t)$$

Das Stoffgesetz soll nun als Rategleichung gegeben sein

$$^I \dot{P}(X,t) = \left[E_d \cdot H\Big(\dot{\epsilon}(X,t)\Big) + E_s \cdot \Big[1 - H\Big(\dot{\epsilon}(X,t)\Big)\Big] \right] \cdot \dot{\epsilon}(X,t) \quad .$$

Darin ist $H(\dot{\epsilon})$ die HEAVISIDE Sprungfunktion. Sie ist 0 für $\dot{\epsilon} < 0$ (Stauchungsrate), und 1 für $\dot{\epsilon} \geq 0$ (Dehnungsrate). Stauchung wird hier als Belastung des Bodens und Dehnung als Entlastung des Bodens verstanden. Damit gilt für Boden $E_d > E_s$. Die Dehnung ist $\epsilon(X,t) = \partial_1 U(X,t)$. Die Dehnungsrate $\dot{\epsilon}(X,t) = \partial_1 \dot{\chi}(X,t)$.

Auch dieses System kann in eine Erhaltungsform übergeführt werden, und dies war der ausschlaggebende Faktor für die Entscheidung, CLAWPACK in dieser Arbeit zu verwenden.

B.6 Partielles Differential
Partial differential

Die Schreibweisen für die partielle Ableitung sind ebenso mannigfaltig wie phantasiereich. Alle haben ihre Vor- und Nachteile und bergen mehr oder weniger Stolpersteine in sich. Aus einigen Schreibweisen geht nicht klar hervor, ob die Argumente der abzuleitenden Funktion (wenn sie überhaupt angegeben sind) die Variablen der Funktion, oder die Stelle an der das Differential ausgewertet werden soll, sind. Mit anderen Worten, ob die angegebenen Argumente zuerst in die Funktion eingesetzt werden sollen und dann abgeleitet wird oder umgekehrt. Das ist aber ein wesentlicher Unterschied. Gerade bei der Ableitung der Geschwindigkeiten und Beschleunigungen in Eulerkoordinaten muß aber genau zwischen Funktionsvariablen und der Stelle, an der das Differential ausgewertet wird, unterschieden werden.

Die hier verwendete Schreibweise ist verglichen mit einigen anderen Schreibweisen für den Fall einer Funktion χ in den Variablen (X,t) die an der Stelle (a,b) nach X differenziert werden soll (vielleicht ist ja eine dem/der LeserIn bekannte und gebräuchliche dabei):

$$\partial_1 \chi(a,b) = \partial_X \chi(X,t)\Big|_{\substack{X=a \\ t=b}} = \frac{\partial \chi(X,t)}{\partial X}\Big|_{\substack{X=a \\ t=b}} = \frac{\partial}{\partial X}\Big(\chi(X,t)\Big)(a,b) = \frac{\partial \chi}{\partial X}(a,b)$$

Meist ist aber die Stelle, an der das Differential ausgewertet wird, gerade gleich der Variablen der Funktion, und somit verkürzen sich viele Schreibweisen.

Einfaches Beispiel: Betrachten wir die Funktion

$$\psi(a, b) = a^3 b + ab^2 \quad .$$

Dann ist die Ableitung nach der ersten Variablen bei festgehaltener zweiter $3a^2 b + b^2$. Einsetzen von $a = X$ und $b = t$ gibt das Ergebnis der partiellen Ableitung

$$\partial_1 \psi(X, t) = 3X^2 t + t^2 \quad .$$

Man könnte auch schreiben $\partial_1 \psi(X, t) = \frac{\partial}{\partial a} \Big[\psi(a, b)\Big]_{a=X, b=t}$. Hier ist auch die Schwierigkeit der Schreibweise $\partial / \partial X$ zu sehen. Soll man $\partial / \partial a$ oder $\partial / \partial X$ schreiben, wenn die Funktion zwar in (a, b) gegeben ist, aber auf (X, t) ausgewertet werden soll. Die Schreibweise ∂_1 ist hier etwas klarer. Durch die Angabe der Argumente, in der richtigen Reihenfolge, kann auch die eher gewohnte „alte" Schreibweise leicht erkannt werden.

Im gleichen Sinn ist auch $\partial_1 \psi(X, Xt) = 3X^2 t + X^2 t^2$.

Beachte: Der Ausdruck $\partial_X \psi(X, Xt)$ wird üblicherweise so aufgefaßt, daß die Funktion ψ in den Variablen (X, t) angeschrieben wird und dann nach X differenziert wird. Das ergibt dann $\partial_X \psi(X, Xt) = \partial_X(X^4 t + X^3 t^2) = 4X^3 t + 3X^2 t^2 \neq \partial_1 \psi(X, Xt)$.

Kettenregel: Gegeben sei die Funktion w in den Koordinaten (x, y):

$$w(x, y) = x^2 + y^3$$

Die Argumente x und y seien durch die Funktionen $x = \chi(X, t) = X + 3t^2$ und $y = \tau(X, t) = t$ darstellbar.

Die Funktion in den Koordinaten (X, t) ist:

$$W(X, t) = w\Big(\chi(X, t), \tau(X, t)\Big) = (X + 3t^2)^2 + t^3 = X^2 + 6Xt^2 + 9t^4 + t^3$$

Die partielle Ableitung von W nach t ist einfach:

$$\partial_2 W(X, t) = 12Xt + 36t^3 + 3t^2$$

Mit Hilfe der Kettenregel kann diese partielle Ableitung auch in der Funktion w ausgedrückt werden:

$$
\begin{aligned}
\partial_2 W(X,t) &= \frac{\partial}{\partial t}\left[w\big(\chi(X,t),\tau(X,t)\big)\right] \\
&= \partial_1 w\big(\chi(X,t),\tau(X,t)\big) \cdot \partial_2\chi(X,t) \\
&\quad + \partial_2 w\big(\chi(X,t),\tau(X,t)\big) \cdot \partial_2\tau(X,t)
\end{aligned}
$$

Die dort vorkommenden partiellen Differentiale sind:

$$
\begin{aligned}
\partial_1 w\big(\chi(X,t),\tau(X,t)\big) &= \Big[2x+0\Big]_{\substack{x=\chi(X,t)\\y=\tau(X,t)}} = 2X+6t^2 \\
\partial_2 w\big(\chi(X,t),\tau(X,t)\big) &= \Big[0+3y^2\Big]_{\substack{x=\chi(X,t)\\y=\tau(X,t)}} = 3t^2 \\
\partial_2\chi(X,t) &= 6t \\
\partial_2\tau(X,t) &= 1
\end{aligned}
$$

Damit ist

$$
\partial_2 W(X,t) = (2X+6t^2)6t + 3t^2 1 = 12Xt + 36t^3 + 3t^2 \quad,
$$

was zu zeigen war.

Beachte:

$$
\partial_2 w(X,t) = 2X \neq \partial_2 W(X,t)
$$

Anhang C

c - die mysteriöse viskose Dämpfung
Viscose damping

Fragestellung

In den bodendynamischen Modellen taucht meist eine Variable zur Beschreibung der viskosen Dämpfung des Bodens auf. Was ist diese Variable? Welche physikalischen Eigenschaften werden in ihr verpackt?

C.1 Bodenmechanisches Modell
Geotechnical model

Üblicherweise wird der Halbraum aus Boden durch eine Feder mit der Federsteifigkeit k und einen viskosen Dämpfer mit der Dämpfungskonstanten c modelliert. (Siehe Abbildung C.1)

Für dieses Feder-Dämpfer Ersatzsystem wird die Differentialgleichung

$$m\ddot{x} + c\dot{x} + kx = F_0 \cos(\Omega t) \tag{C.1}$$

angeschrieben.

Was ist nun für die beiden Konstanten c und k einzusetzen? Bleiben wir zunächst bei der Dämpfung.

C.2 Dämpfung
Damping

Bevor wir mit der Betrachtung der Variablen c beginnen, möchte ich noch ein wenig auf die allgemein übliche komplexe Schreibweise für harmonische Schwingungen eingehen.

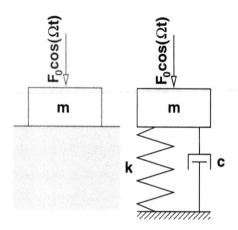

Abbildung C.1: Masse - Feder - Dämpfer System

Figure C.1: Damped mass-spring oscillator

C.2.1   Impedanz
Impedance

Gleichung C.1 läßt sich in komplexer Schreibweise anschreiben

$$m\ddot{x} + c\dot{x} + kx = F_0 e^{i\Omega t} \quad , \tag{C.2}$$

wobei die stationäre Lösung dieser Gleichung $x = -iAe^{i\Omega t+\phi}$ ist. Als physikalisch auftretende Größe der Verschiebung wird üblicherweise der Realteil von x interpretiert.

Gleichung C.2 kann auch mit

$$\dot{x} = -iAi\Omega e^{i\Omega t+\phi} = i\Omega\underbrace{\left(-iAe^{i\Omega t+\phi}\right)}_{x} = i\Omega x \quad ,$$

umgeschrieben werden zu

$$m\ddot{x} + (k + i\Omega c)x = F_0 e^{i\Omega t} \quad ,$$

wobei die Größe

$$K = k + i\Omega c \tag{C.3}$$

als *Impedanz* oder *komplexe Steifigkeit* bezeichnet wird. Der Realteil der Impedanz entspricht also der elastischen Feder, der Imaginärteil dem viskosen Dämpfer.

Betrachten wir das System einmal ohne Masse

$$(k + i\Omega c)x = F_0 e^{i\Omega t} \quad .$$

Der Imaginärteil Ωc von K bewirkt mathematisch eine Phasenverschiebung der Auslenkung $x(t)$ um $90°$ zur Kraft $F(t)$. Dadurch sind die Geschwindigkeit ($v = \dot{x}$ ist $90°$ zu x verschoben) und die erregende Kraft in Phase. Im System wird deshalb immer positive Leistung $p(t) = F(t)v(t)$ verbraucht. Das bedeutet einen Energieverlust und hat somit eine dämpfende Wirkung.

C.2.2 Materialdämpfung
Material damping

Wenn wir an eine Dämpfungseigenschaft des Bodens denken, fällt uns zunächst sein plastisches Verhalten ein. Dieses plastische Verhalten hat die sogenannte Materialdämpfung zur Folge.

Die Materialdämpfung soll die Hysterese des Last-Verformungs-Verhaltens des Bodens bei zyklischer Belastung beschreiben. Der Boden verhält sich bei zyklischer Belastung, nach einigen Einschwingzyklen, ungefähr wie in Abbildung C.2 gezeigt.

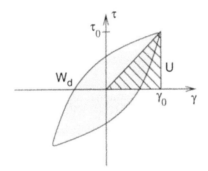

Abbildung C.2: Last-Verformungs-Verhalten des Bodens: graue Fläche = W_d, schraffierte Fläche = W

Figure C.2: Stress-strain relation of soil: gray area = W_d, hatched area = W

Dieses Verhalten wird näherungsweise als unabhängig von der Belastungsgeschwindigkeit angenommen. Das Materialverhalten ist *rate independent*.

Die Dämpfung des Materials entsteht durch die dissipierte Energie W_d pro Zyklus. Sie entspricht der von der Kurve eingeschlossenen Fläche ($W_d = \oint \tau d\gamma$). Der Verlustfaktor η ist definiert als Quotient der dissipierten Energie pro Periodenteil[1] (Radiant) $\frac{W_d}{2\pi}$ und der maximalen potentiellen Energie im System (SUN und LU, 1995).

---

[1]Eine Schwingung dauert $T = \frac{2\pi}{\Omega}$ Sekunden. Eine Periode der Schwingung $A\sin(\Omega t)$ ist

$$A\sin(\Omega[t+T]) = A\sin\left(\Omega\left[t + \frac{2\pi}{\Omega}\right]\right) = A\sin(\Omega t + 2\pi)$$

Ein Teil einer Periode ist also ein Teil von 2π Radiant.

Die maximale potentielle Energie ist die bei der maximalen Auslenkung (also Geschwindigkeit gleich Null) im System vorhandene Energie. Das ist $U = \frac{1}{2}\tau_0\gamma_0$, und entspricht der gespeicherten Energie in einer Feder.

$$\eta = \frac{W_d}{2\pi U}$$

Dieses Verhalten kann nun verschieden beschrieben werden. Entweder durch eine *viskose Dämpfung* oder durch ein *viskoelastisches* Stoffgesetz.

Viskose Dämpfung Die viskose Dämpfung wird durch eine geschwindigkeitsabhängige Kraft beschrieben $F_d = c\dot{x}$. (Hier ist schon der erste Widerspruch. Man versucht, das geschwindigkeitsunabhängige Bodenmaterial durch eine geschwindigkeitsabhängige Kraft zu beschreiben.) Die dissipierte Energie einer Periode $T = \frac{2\pi}{\Omega}$ wird für die Schwingung $x = A\sin(\Omega t - \phi)$ zu:

$$\begin{aligned} W_d &= \oint F_d dx = \oint c\frac{dx}{dt}dx = \oint c\left(\frac{dx}{dt}\right)^2 dt \\ &= c\Omega^2 A^2 \int_0^T \cos^2(\Omega t - \phi)dt = \pi c\Omega A^2 \end{aligned}$$

Der Verlustfaktor ist somit von der Frequenz abhängig. Dieses Modell ist also nicht geeignet, um die frequenzunabhängige Materialdämpfung zu beschreiben.

Viskoelastisches Stoffgesetz Ein viskoelastisches Material kann durch folgenden komplexen Modul[2] beschrieben werden (SUN und LU, 1995; HAUPT, 1986a):

$$\tau = (G + iG^\star)\,\gamma,$$

Der *Speichermodul G* und der *Verlustmodul $G^\star$* sind im allgemeinen frequenzabhängig. Sind sie das nicht, wie definitionsgemäß beim Boden, so wird die Dämpfung als *Körperdämpfung*, *Hysteresedämpfung* oder *Strukturdämpfung* bezeichnet. Obige Spannungs-Dehnungsbeziehung ergibt eine Ellipse in der τ-γ Ebene[3] , die das reale

---

[2]Das Stoffgesetz für einen viskosen Dämpfer lautet zum Vergleich:

$$\tau = G\gamma + \xi\dot{\gamma}$$

wobei ξ die dynamische Zähigkeit einer Flüssigkeit ist.

[3]Für einen Dehnungsverlauf $\gamma = \gamma_0 e^{i\Omega t}$ und

$$\frac{d\gamma}{dt} = \gamma_0 i\Omega e^{i\Omega t} = i\Omega\gamma$$

Verhalten in Abbildung C.2 annähernd beschreibt. Die dissipierte Energie wird nun zu

$$W_d = \oint \tau d\gamma = \int_0^{2\pi/\Omega} \tau \left(\frac{d\gamma}{dt}\right) dt$$

$$= \int_0^{2\pi/\Omega} \left[G\gamma_0 \sin \Omega t + G^\star \gamma_0 \cos \Omega t\right] \Omega \gamma_0 \cos \Omega t \, dt$$

$$= G^\star \Omega \gamma_0^2 \int_0^{2\pi/\Omega} \cos^2 \Omega t \, dt = \pi G^\star \gamma_0^2 \quad,$$

und ist frequenzunabhängig.

Der Verlustfaktor η ergibt sich mit der maximalen potentiellen Energie des Systems $U = \frac{1}{2}\tau_0\gamma_0 = \frac{1}{2}G\gamma_0^2$ nun zu:

$$\eta = \frac{W_d}{2\pi U} = \frac{G}{G^\star} \quad .$$

Dieses Stoffgesetz führt dann zu einer anderen Form der Differentialgleichung für die Schwingung in komplexer Schreibweise[4]:

$$m\ddot{x} + k(1 + i\eta)x = F_0 e^{i\Omega t}$$

---

wird die Gleichung für die Spannung

$$\tau = (G + iG^\star)\,\gamma = G\gamma + \frac{G^\star}{|\Omega|}\frac{d\gamma}{dt} \quad ;$$

wobei der Absolutwert von Ω geschrieben wird, damit auch für negative Ω (z.B. andere Drehrichtung) die dissipierte Arbeit positiv wird. Schreibt man nun für $\gamma = \gamma_0 \sin(\Omega t)$, wird die Gleichung für die Spannung:

$$\tau = G\gamma_0 \sin(\Omega t) + G^\star \gamma_0 \frac{\Omega}{|\Omega|} \cos(\Omega t)$$

$$= G\gamma \pm G^\star \sqrt{\gamma_0^2 - \gamma^2} \quad .$$

Das ist eine Ellipse.

Hier sehen wir auch, daß man sich das viskoelastische Stoffgesetz auch als viskoses Stoffgesetz mit frequenzabhängiger dynamischen Zähigkeit vorstellen kann.

[4]Zum Vergleich die Differentialgleichung für einen viskosen Dämpfer in derselben komplexen Schreibweise:

$$m\ddot{x} + k(1 + i\eta\omega m)x = F_0 e^{i\Omega t}$$

Hier sehen wir, daß die Eigenfrequenz des Systems $\omega = \sqrt{\frac{k}{m}}$ einen Einfluß auf die Dämpfung hat.

Diese Differentialgleichung hat die Lösung

$$x(t) = |\bar{X}| \, e^{i(\Omega t - \phi)}$$

$$\bar{X} = \frac{F_0/k}{1 - (\Omega/\omega)^2 + i\eta}$$

$$\phi = \arctan\left(\frac{\eta}{1 - (\Omega/\omega)^2}\right)$$

$$\omega = \sqrt{k/m}$$

Diese Art der Beschreibung der Materialdämpfung ist frequenzunabhängig und ist somit für die Beschreibung von erzwungenen Schwingungen der viskosen Dämpfung vorzuziehen. In den neueren Büchern über Bodendynamik wird die Materialdämpfung des Bodens auch so eingeführt. So führt WOLF (1994) die Materialdämpfung mit $\eta = \tan\varphi$ ein, wobei φ die Phasenverschiebung zwischen Erregungskraft und Verschiebung ist.

Die freie gedämpfte Schwingung kann nur mit viskoser Dämpfung beschrieben werden, da die Konstanten für das viskoelastische Stoffgesetz nur für eine harmonische Erregung mit der Frequenz Ω definiert sind (SUN und LU, 1995).

Dämpfungsmaße

- Der Verlustfaktor η eines Körpers aus einem bestimmten Material ist definiert als der Bruchteil der Schwingungsenergie des Systems, der bei Resonanz pro Wegeinheit (Radiant) dissipiert wird.

- Die spezifische Dämpfungskapazität ψ des Schwingsystems ist das Verhältnis der dissipierten Energie pro Zyklus und der elastischen Energie (= maximale potentielle Energie) des Systems.

- Das logarithmische Dekrement δ der freien Schwingung ist definiert als der natürliche Logarithmus des Quotienten der Amplituden von aufeinanderfolgenden Zyklen der abklingenden Schwingung

$$\delta = \ln\left(\frac{A_n}{A_{n+1}}\right) = \frac{2\pi D}{\sqrt{1 - D^2}} \quad .$$

- Die Dämpfungsrate D ist das Verhältnis der vorhandenen viskosen Dämpfung zur kritischen Dämpfung des Masse-Feder-Dämpfer Systems. Sie wird oft als Prozentwert der kritischen Dämpfung angegeben und ist die am häufigsten gebrauchte Art, den Dämpfungswert eines Masse-Feder-Dämpfer Systems anzugeben:

$$D = c/c_c \quad ,$$

wobei $c_c = 2\sqrt{km}$ der kleinste Wert des viskosen Dämpfungskoeffizienten ist, für welchen das System noch aperiodisches Verhalten zeigt.

Für kleine Dämpfung, das heißt $D < 1, \eta < 1, \delta < 1$, gilt folgender Zusammenhang (SUN und LU, 1995; HAUPT, 1986a):

$$\delta = 2\pi D = \pi\eta = \frac{1}{2}\psi$$

Bestimmung der Dämpfung Die Dämpfungswerte können zum Beispiel durch den *Resonant Column Test* bestimmt werden. In diesem Versuch wird eine zylindrische Bodenprobe in Resonanzschwingung versetzt. Dies geschieht durch Erregung der Unterseite entweder in Vertikalrichtung oder als Drehschwingung. An der Oberseite wird die Auslenkung gemessen (DAS, 1983). Die Bodenprobe wird in Resonanz gebracht (maximale Auslenkung). Dann wird das Gerät ausgeschaltet und das Abklingen der Amplitude beobachtet. Daraus kann das logarithmische Dekrement bestimmt werden, bzw. über obige Beziehungen die anderen Werte zur Beschreibung der Dämpfung.

Genau genommen gilt das so erhaltene Dämpfungsmaß nur für eine Eigenfrequenz der Bodenprobe. Und auch hier gibt es mehrere mögliche Eigenschwingungen und dazu mehrere Eigenfrequenzen.

C.2.3 Abstrahldämpfung
Radiation damping

Wenn wir ein Fundament betrachten, das durch eine Kraft dynamisch belastet wird, so entstehen im Boden Wellen, die vom Fundament weglaufen. Ist unser Modell nun ein Halbraum, so laufen diese Wellen ins Unendliche, und das bewirkt einen Energieverlust. Diesen Energieverlust versucht man durch die sogenannte *Abstrahldämpfung* zu beschreiben.

Beispiel: halbunendlicher Stab Der im Bild C.3 abgebildete unendlich lange Stab mit konstantem Querschnitt A und konstanter Dichte ϱ wird mit der Kraft $F(t) = F_0 e^{i\Omega t}$ erregt.

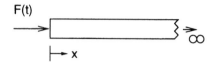

Abbildung C.3: Halbunendlicher Stab mit konstantem Querschnitt A, und konstanter Dichte ϱ

Figure C.3: semi-infinite rod with constant cross section area A and constant density ϱ

Die Wellen, die nach rechts laufen, haben folgende Gestalt:

$$u(x,t) = u_0 e^{-ik(x-v_c t)} = u_0 e^{i(\Omega t - kx)} \quad ,$$

mit der Amplitude u_0, der Wellenzahl $k = v_c/\Omega$ und der Wellenausbreitungsgeschwindigkeit v_c.

Am Ort $x = 0$ ist die Auslenkung $u(0,t) = u_0 e^{i(\Omega t - k \cdot 0)} = u_0 e^{i\Omega t}$. Das Gleichgewicht an der Stelle $x = 0$ ist

$$F(t) + \underbrace{A\,E\,\underbrace{\left(\frac{\partial u}{\partial x}\right)_{x=0}}_{\text{Dehnung}}}_{\text{Kraft}}^{\overbrace{\quad\quad\quad}^{\text{Spannung}}} = 0 \quad .$$

Mit $v_c^2 = \frac{E}{\varrho}$ und $\frac{\partial u}{\partial x} = -iku_0 e^{i(\Omega t - kx)}$ wird die Gleichung zu

$$\underbrace{F_0 e^{i\Omega t}}_{F(t)} = i\varrho v_c^2 A \underbrace{u_0 e^{i\Omega t}}_{u(t)_{x=0}} \quad .$$

Die Steifigkeit K des Systems ist definiert als

$$K = \frac{F(t)}{u(t)_{x=0}} = i\Omega \varrho v_c A \quad .$$

Wenn wir das mit Gleichung C.3 vergleichen, erkennen wir, daß diese rein imaginäre Impedanz K einer rein viskosen Dämpfung $c = \varrho v_c A$ entspricht.

Das Abstrahlen der Welle in einen unendlichen langen Stab kann durch einen viskosen Dämpfer simuliert werden[5].

Bleibt der Querschnitt nicht konstant, oder ändert sich die Dichte, erhält die Impedanz auch einen Realteil, das Ersatzsystem in Abbildung C.4 also zusätzlich eine elastische Feder.

---

[5]Wenn man in Gedanken die Erregerfrequenz zu Null macht, also quasi statisch belastet, wird die Verschiebung unendlich. Das ist richtig, weil die statische Steifigkeit eines unendlichen Stabes Null ist ($K = EA/l$).

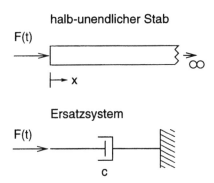

Abbildung C.4: Ersatzsystem für halb-unendlich langen Stab mit konstantem Querschnitt A, und konstanter Dichte ϱ

Figure C.4: Mechanical model of semi-infinite rod with constant cross section area A and constant density ϱ

Elastischer Halbraum Im elastischen Halbraum breiten sich Wellen aus. Die Wellenabstrahlung kann durch eine Feder und einen viskosen Dämpfer simuliert werden.

So ist für die vertikale Schwingung eines Fundamentes mit der Fläche A und dem Lastflächenradius[6] $r_0 = \sqrt{A/\pi}$:

$$k = \frac{4Gr_0}{1-\nu} \quad , \quad , c = \frac{3.4r_0^2}{1-\nu}\sqrt{\varrho G}$$

Sowohl die Federsteifigkeit k als auch die Dämpfungskonstante c in diesem Modell sind *frequenzabhängig*. Sie werden aber, weil sie in einem sehr begrenzten Bereich schwanken, üblicherweise als konstant[7] angesetzt (HAUPT, 1986a, S. 147).

Mit dem Massenverhältnis $B = f$(Fundamentmasse m, Bodendichte ϱ) kann die Dämpfungsrate D bestimmt werden:

$$B = \frac{1-\nu}{4}\frac{m}{\varrho r_0^3} \quad , \quad D = \frac{0.425}{\sqrt{B}}$$

---

[6]r_0 ist für ein Kreisfundament der Radius des Fundamentes, für ein Rechteckfundament mit den Seitenlängen $2a$ und $2b$ gleich $r_0 = \sqrt{\frac{4ab}{\pi}}$

[7]Für vertikale Schwingungen einer starren Platte auf einem homogenen Halbraum schwankt k in einem Bereich von 0.75 bis 1.0 des angegebenen Wertes, und c in einem Bereich von 0.78 bis 1.05 des angegebenen Wertes:

$$k(\Omega) = (0.75\ldots1.0)k \quad , \quad c(\Omega) = (0.78\ldots1.05)k$$

C.3 Kombination von Material- und Abstrahldämpfung
Combination of material and radiation damping

Es werden zwei Methoden zur Kombination der Dämpfungen verwendet.

DAS (1983) addiert einfach die Dämpfungsraten. Das bedeutet, daß die eigentlich frequenzunabhängige Materialdämpfung in dem Modell dann wieder frequenzabhängig wird. Es mag kein sehr großer Fehler dabei entstehen, da die Materialdämpfung meist nur einen Bruchteil der Abstrahldämpfung ausmacht.

WOLF (1994) führt die Materialdämpfung sauber über die Impedanz ein. So lautet die Impedanz mit Materialdämpfung:

$$K = k + i\Omega c + i\eta$$

Es wird also zur Impedanz des Halbraumes die Impedanz der Materialdämpfung addiert.

Anhang D

Nichtelastisches Masse-Feder System „Die Vereinfachung der Vereinfachung"
Inelastic mass spring system

Als Denkanstoß, der mich ein wenig in die Probleme der „Dämpfung" in dynamischen Systemen eingeführt hat, möchte ich noch folgendes Rätsel beifügen.

D.1 System
Problem specification

Hier wird ein einfaches Masse-Feder System nach Abbildung D.1 betrachtet. Die

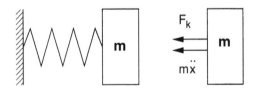

Abbildung D.1: Masse-Feder System mit nichtelastischer Feder
Figure D.1: Mass-spring oscillator with inelastic spring

Bewegungsgleichung für dieses System lautet

$$m\ddot{x} + F_k = 0 \qquad (D.1)$$

Die Kennlinie der Feder[1] kann hier nur als Ratenform angegeben werden. Es gelten für Be- und Entlastung verschiedene Steifigkeiten. Für eine bestimmte Belastungsgeschichte kann dieses Gesetz dann aufintegriert werden (Abbildung D.2). Das Ge-

---

[1] Das entspricht dem Stoffgesetz eines Kontinuums.

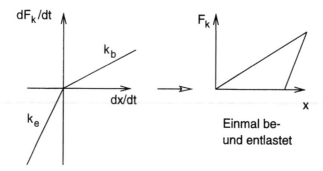

Abbildung D.2: Kennlinie der nichtelastischen Feder

Figure D.2: Force-displacement relation of the inelastic spring

setz für die Kennlinie lautet also:

$$\dot{F}_k(\dot{x}) = \begin{cases} k_b\dot{x} & : & \dot{x} > 0 \\ k_e\dot{x} & : & \dot{x} < 0 \end{cases} \tag{D.2}$$

D.2 Bewegungsgleichung
Equation of motion

Wir müssen die Bewegungsgleichung (D.1) nach der Zeit ableiten, um das Gesetz der Federkennlinie (D.2) einsetzen zu können:

$$m\,\ddot{x} + \dot{F}_k(\dot{x}) = 0$$
$$m\,\ddot{x} + k(\dot{x}) \cdot \dot{x} = 0 \tag{D.3}$$

D.3 Numerische Lösung
Numerical solution

Gleichung D.3 wurde mit MATLAB numerisch integriert, wobei folgende Abkürzungen verwendet wurden:

$$ap = \dddot{x} \quad , \quad a = \ddot{x} \quad , \quad v = \dot{x} \quad ,$$

Der Algorithmus ist bei äquidistanten Zeitschritten dt:

$$ap_i = -\frac{k(v_i)}{m}v_i \ , \ a_{i+1} = a_i + ap_i \cdot dt \ , \ v_{i+1} = a_i + a_i \cdot dt \ , \ x_{i+1} = x_i + v_i \cdot dt$$

Die Federkraft wurde auch aufintegriert

$$F_{k\,i+1} \quad = \quad F_{k\,i} + k(v_i) \cdot v_i \cdot dt \quad .$$

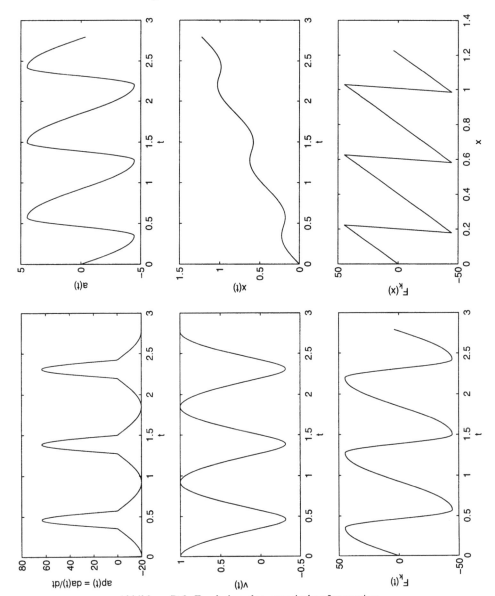

Abbildung D.3: Ergebnisse der numerischen Integration

Figure D.3: Results of the numerical integration of the equation of motion

Die Ergebnisse für $m = 10$ kg, $k_b = 200$ N/m und $k_e = 2000$ N/m sind in Abbildung D.3 dargestellt. Es wurde das Anfangswertproblem $ap_0 = a_0 = x_0 = 0$ und $v_0 = 1$ m/s gelöst.

Die Bilder mögen für sich sprechen, und der Leser mag sich vorerst selbst fragen, wo die erwartete Dämpfung (Fläche unter der F_k-x-Linie) bleibt, denn das System ist offensichtlich ungedämpft!

Die Lösung verraten wir Ihnen in der nächsten Ausgabe...

Anhang E

Leistung in Schwingsystemen
Power in oscillating systems

Der Leistungsbegriff soll an einem einfachen gedämpften Masse - Feder System erklärt werden. Interessant ist vor allem der Unterschied zu dem in Kapitel 2 beschriebenen rotierenden System.

E.1 Gedämpfte harmonisch erregte Schwingung
Harmonically forced damped oscillation

Hier wird ein in einer Richtung schwingendes gedämpftes Masse - Feder System nach Abbildung E.1 betrachtet.

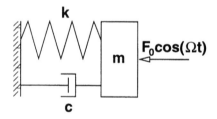

Abbildung E.1: Masse - Feder - Dämpfer System
Figure E.1: Damped mass-spring oscillator

E.1.1 Bewegungsgleichung
Equation of motion

Das Masse - Feder - Dämpfer System nach Abbildung E.1 genügt der Differentialgleichung

$$m\ddot{x} + c\dot{x} + kx = F_0 \cos(\Omega t) \quad .$$

182

Die Lösung dieser Gleichung lautet nach dem Abklingen des Einschwingens

$$x(t) \;=\; A\sin(\Omega t + \alpha) \tag{E.1}$$

$$A \;=\; \frac{F_0}{\sqrt{(k - m\Omega^2)^2 + c^2\Omega^2}} \tag{E.2}$$

$$\alpha \;=\; \arctan\left(\frac{k - m\Omega^2}{c\Omega}\right) \;. \tag{E.3}$$

E.1.2 Leistung
Power

Die Leistung der Erregerkraft $F = F_0 \sin(\Omega t)$ ist

$$p(t) \;=\; F(t)v(t)$$
$$\;=\; F_0\Omega A \cos(\Omega t)\cos(\Omega t + \alpha) \;.$$

Der Mittelwert über eine Periode $T = \frac{2\pi}{\Omega}$ dieser Leistung ist die Wirkleistung P:

$$P \;=\; \frac{1}{T}\int_0^T p(t)dt = \frac{F_0\Omega A}{2}\cos(\alpha) \tag{E.4}$$

Für das physikalische Verständnis will ich die Lösung noch einmal in einer anderen Form schreiben (CRAWFORD, JR. (1974), S 63 ff):

$$x(t) \;=\; B_{di}\sin(\Omega t) + B_{el}\cos(\Omega t) \tag{E.5}$$
$$v(t) \;=\; \Omega B_{di}\cos(\Omega t) - \Omega B_{el}\sin(\Omega t)$$

mit den Amplituden B_{di} (dissipiert) und B_{el} (elastisch):

$$B_{el} \;=\; \frac{(k - m\Omega^2)F_0}{(k - m\Omega^2)^2 + c^2\Omega^2}$$

$$B_{di} \;=\; \frac{c\Omega F_0}{(k - m\Omega^2)^2 + c^2\Omega^2}$$

$$A \;=\; \sqrt{B_{di}^2 + B_{el}^2}$$

Damit erhalten wir für die Leistung:

$$p(t) \;=\; F(t)v(t)$$
$$\;=\; F_0\Omega B_{di}\cos^2(\Omega t) - F_0\Omega B_{el}\cos(\Omega t)\sin(\Omega t)$$
$$\;=\; \frac{F_0\Omega B_{di}}{2}(1 + \cos(2\Omega t)) - \frac{F_0\Omega B_{el}}{2}\sin(2\Omega t)$$

Mit den Beziehungen

$$B_{el} = A\sin(\alpha) \quad , \quad B_{di} = A\cos(\alpha) \quad , \quad Q = \frac{F_0\Omega B_{el}}{2}$$

und der Gleichung E.4 wird die Leistung zu

$$p(t) \quad = \quad P + P\cos(2\Omega t) - Q\sin(2\Omega t) \quad ,$$

und mit

$$Q = S\sin(\alpha) \quad P = S\cos(\alpha)$$

zu

$$p(t) \quad = \quad P + S\cos(2\Omega t + \alpha) \quad .$$

Die Leistung schwingt also mit der doppelten Frequenz der Erregung um den Wert der *Wirkleistung P* mit der Amplitude *Scheinleistung S*. Die *Blindleistung Q* ist ein reiner Rechenwert, ohne physikalische Bedeutung.

Die Leistungen lassen sich also ermitteln aus:

$$P \quad = \quad \frac{F_0\Omega B_{di}}{2} = \frac{F_0\Omega A}{2}\cos(\alpha)$$
$$Q \quad = \quad \frac{F_0\Omega B_{el}}{2} = \frac{F_0\Omega A}{2}\sin(\alpha)$$
$$S \quad = \quad \sqrt{P^2 + Q^2} = \frac{F_0\Omega A}{2}$$

Die Scheinleistung läßt sich auch aus den Effektivwerten von Kraft und Geschwindigkeit ermitteln:

$$F_{eff} \quad = \quad \sqrt{\frac{1}{T}\int^T F(t)^2 dt} = \frac{F_0}{\sqrt{2}} \tag{E.6}$$

$$v_{eff} \quad = \quad \sqrt{\frac{1}{T}\int^T v(t)^2 dt} = \frac{\Omega A}{\sqrt{2}} \tag{E.7}$$
$$S \quad = \quad F_{eff} v_{eff}$$

Es gibt einen Schwingungsteil in der Auslenkung $x(t)$ (Gleichung E.5), der Arbeit dissipiert. Dieser schwingt mit der Amplitude B_{di} und dissipiert Wirkleistung. Der andere Teil mit der Amplitude B_{el} ergibt die Blindleistung.

Der Mittelwert der Leistung der Dämpferkraft ($c\dot{x}$) ergibt sich zu

$$P_c = \frac{1}{2}c\Omega^2(B_{el}^2 + B_{di}^2) = \frac{1}{2}c\Omega^2 A^2 \quad ;$$

und ist, wie man leicht nachrechnen kann, gleich dem Mittelwert der Leistung der Erregerkraft. Das heißt, der Wirkleistungsanteil der Erregerkraft wird vom Boden durch Dämpfung dissipiert.

Interessant ist auch, daß bei Erregung mit der Eigenfrequenz $\omega = \sqrt{\frac{k}{m}}$ die Amplitude B_{el} verschwindet, und somit nur Wirkleistung im System verbraucht wird. Weit weg von der Eigenfrequenz verschwindet die Amplitude B_{ab}, und es pendelt nur Blindleistung hin und her[1]. Dies sieht man, wenn man die Amplituden etwas anders anschreibt (siehe Abbildung E.2):

$$B_{el} = \frac{F_0}{m} \frac{\omega^2 - \Omega^2}{(\omega^2 - \Omega^2)^2 + (c/m)^2 \Omega^2}$$

$$B_{di} = \frac{F_0}{m} \frac{(c/m)\Omega}{(\omega^2 - \Omega^2)^2 + (c/m)^2 \Omega^2}$$

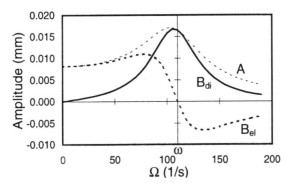

Abbildung E.2: Amplituden für einen gedämpften Schwinger: $m = 1733$ kg, $k = 20.9$ MN/m, $c = 93.4$ kNs/m, $F_0 = 170$ kN, $\omega = 110$ s^{-1}

Figure E.2: Amplitudes of a damped oscillator: $m = 1733$ kg, $k = 20.9$ MN/m, $c = 93.4$ kNs/m, $F_0 = 170$ kN, $\omega = 110$ s^{-1}

E.2   Analogie zum Wechselstrom
Analogy to alternating current

E.2.1   Effektivwert des Stromes
Effective value of current

Ein Wechselstrom hat die gleiche Wirkung wie ein Gleichstrom von der Größe des Effektivwertes des Wechselstromes.

---

[1]Als Nähe zur Eigenfrequenz kann übrigens der Bereich

$$\omega - 10\frac{c}{m} < \Omega < \omega + 10\frac{c}{m}$$

angenommen werden

Dazu betrachtet man die Wirkung des Wechselstromes an einem Ohmschen Wider-
stand. Der Momentanwert der Leistung (Wärmeleistung) des Wechselstromes ist
$p(t) = u(t)i(t)$. Mit dem Ohm'schen Gesetz $u = Ri$ wird diese Beziehung zu
$p(t) = Ri^2(t)$. Die Leistung des Gleichstromes I_d (direct currency) am selben Wi-
derstand ist $P = RI_d^2$. Es soll die Leistung des Gleichstromes gleich dem zeitlichen
Mittelwert der Leistung des Wechselstromes sein:

$$RI_d^2 = \frac{1}{T} \int^T Ri^2(t)dt$$

$$I_d = \sqrt{\frac{1}{T} \int^T i^2(t)dt} = I_{eff}$$

Für einen sinusförmigen Wechselstrom $i(t) = \hat{i}\sin(\omega t)$ gilt somit

$$I_{eff} = \frac{\hat{i}}{\sqrt{2}} \quad .$$

E.2.2 Wirk-, Schein- und Blindleistung
Effective, apparent and reactive power

Die *Wirkleistung* P ist der zeitliche Mittelwert des Momentanwertes der Leistung:

$$P = \frac{1}{T} \int^T u(t)i(t)dt$$

Die *Scheinleistung* S ist das Produkt der Effektivwerte von Strom und Spannung.

$$S = U_{eff}I_{eff}$$

Sinusförmige Ströme und Spannungen

Für eine sinusförmige Spannung $u(t) = \hat{u}\sin(\omega t)$ und einen um den Phasenwinkel
φ verschobenen Strom $i(t) = \hat{i}\sin(\omega t - \varphi)$ gelten dann die Beziehungen:

$$S = U_{eff}I_{eff}$$
$$P = S\cos\varphi$$
$$Q = S\sin\varphi$$

Die Wirkleistung wird an Ohmschen Widerständen verbraucht. Die Blindleistung
entsteht durch induktive und kapazitive Elemente, die nur die Phase zwischen Strom
und Spannung verschieben, aber keine Arbeit verbrauchen.

Literaturverzeichnis

ALTENBACH, J. und ALTENBACH, H. (1994): *Einführung in die Kontinuumsmechanik.* Teubner, Stuttgart. ISBN 3-519-03096-9.

BAUER SPEZIALTIEFBAU GMBH (1983): *Tiefenrüttler.* Firmenschrift R 700 / 1 (30/03/89).

BERNATZIK, W. (1947): *Baugrund und Physik.* SDV - Fachbücher, Schweizer Druck- und Verlagshaus, Zürich.

BROWN, R. (1977): *Vibroflotation Compaction of Cohesionless Soils. Journal of the Geotechnical Engineering Division, ASCE,* 103:1437–1451.

BROWN, R. und GLENN, A. (1976): *Vibroflotation and Terra-Probe Comparison. Journal of the Geotechnical Engineering Division, ASCE,* 102:1059–1072.

CAMPANELLA, R. und HITCHMAN, R. (1990): *New equipment for densification of granular soils at depth. Can. Geotech.,* 27:167–176.

CRAWFORD, JR., F. (1974): *Berkeley Physik Kurs 3, Schwingungen und Wellen.* Vieweg & Sohn, ISBN 3 528 0 83530.

CRISTESCU, N. (1967): *Dynamic Plasticity,* volume 4 von *Applied mathematics and mechanics.* North-Holland Publishing Company Amsterdam.

D'APPOLONIA, E. (1953): *Loose Sands - Their Compaction by Vibroflotation. American Society for Testing Materials, Special Technical Publication No. 156,* Seiten 138–154.

DAS, B. (1983): *Fundamentals of Soil Dynamics.* Elsevier Science Publishing. ISBN 0-444-00705-9.

DEGEN, W. (19??): *Vibroflotation Ground Improvement.* ©Vibroflotation AG, Altendorf, *noch nicht erschienen.*

DIERSSEN, G. (1994): *Ein bodenmechanisches Modell zur Beschreibung des Vibrationsrammens in körnigen Böden.* Veröffentlichung des Institutes für Bodenmechanik und Felsmechanik der Universität Fridericiana in Karlsruhe, Heft 133.

DOBSON, T. (1987): *Soil improvement - a ten year update, Case histories of the vibro system to minimize the risk of liquefaction. Geotechnical Special Publication No. 12, American Society of Civil Engineers, ISBN 0-87262-598-2,* Seiten 167–183.

FG STRASSENWESEN (1979): *Merkblatt für Untergrundverbesserung durch Tiefenrüttler.* Forschungsgesellschaft Straßenwesen, Köln: Straßenbau AZ. Sammlung technischer Regelwerke und amtlicher Bestimmungen für das Straßenwesen. Stand Oktober 1984, Abschnitt Untergrundverbesserung.

GAZETAS, G. (1991): *Foundation Vibration.* In *Foundation Engineering Handbook* (FANG, H.-Y., Editor), Kapitel 15, Seiten 553–593. Chapman & Hall, 2. Ausgabe.

GAZETAS, G. und RICARDO, D. (1983): *Horizontal response of piles in layerd soils. Journal of Geotechnical Engineering,* 10(1):20–40.

GIBBS, H. und HOLTZ, W. (1957): *Research on Determining the Density of Sands by Spoon Penetration*. In *Proceedings of the Fourth International Conference on Soil Mechanics and Foundation Engineering*, volume 1, Seiten 35–39. London, England.

GRABE, J. (1992): *Experimentelle und theoretische Untersuchungen zur flächendeckenden dynamischen Verdichtungskontrolle*. Veröffentlichung des Institutes für Bodenmechanik und Felsmechanik der Universität Fridericiana in Karlsruhe, Heft 133.

GREENWOOD, D. (1972): *Baugrundverbesserung durch Tiefenverdichtung*. *Baumaschine und Bautechnik, 19. Jahrgang*, 9:367–375.

GREENWOOD, D. (1991): *Vibrational loading used in the construction process*. In *Cyclic Loading of Soils: from theory to design* (O'REILLY, M. und BROWN, S., Editoren), Kapitel 10, Seiten 434–475. Blackie and Son Ltd, ISBN 0-216-92898-2.

GURTIN, M. (1981): *An Introduction to Continuum Mechanics*. Academic Press Inc. ISBN 0-12-309750-9.

HAUGER, W., SCHNELL, W. et al. (1983): *Technische Mechanik, Band 3: Kinetik*. Springer Berlin, ISBN 0-387-11708-3.

HAUPT, W. (1986a): *Bodendynamik, Grundlagen und Anwendung*. Friedrich Viehweg & Sohn, ISBN 3-528-08878-8.

HAUPT, W. (1986b): *Dynamische Bodeneigenschaften und ihre Ermittlung*. In *Bodendynamik, Grundlagen und Anwendung* (HAUPT, W., Editor), Kapitel 7, Seiten 225–279. Friedrich Viehweg & Sohn, ISBN 3-528-08878-8.

HERLE, I. (1997): *Hypoplastizität und Granulometrie einfacher Korngerüste*. Veröffentlichung des Institutes für Bodenmechanik und Felsmechanik der Universität Fridericiana in Karlsruhe, Heft 142.

HOLZLÖHNER, U. (1986): *Schwingungen von Fundamenten*. In *Bodendynamik, Grundlagen und Anwendung* (HAUPT, W., Editor), Kapitel 5, Seiten 141–188. Friedrich Viehweg & Sohn, ISBN 3-528-08878-8.

IHLE, F. (1995): *Untersuchungen zur Auswertung von Drucksondierungen*. Geotechnik, 18:65–73.

JANES, H. und ANDERSON, R. (1976): *Massive compaction of granular soils – how we stand*. ASCE Annu. Convention, Philadelphia (USA), Preprint Nr. 2777.

JURECKA, W. (1977): *Das Bewegungsverhalten und die Wirkungsweise von Rüttelverdichtern*. *Baumaschine und Bautechnik - 18. Jahrgang*, 11:461–466.

KIRSCH, K. (1977): *Soil inprovement by deep vibration techniques*. In *5th South Asian Conference on Soil Engeneering*. Bangkok, Thailand.

KIRSCH, K. (1979): *Erfahrungen mit der Baugrundverbesserung durch Tiefenrüttler*. Geotechnik, 2:21–32.

KOLYMBAS, D. (1994): *Compaction waves as phase transitions*. Acta Mechanica, 107:171–181.

KUTZNER, C. (1962): *Über die Vorgänge in körnigen Schüttungen bei der Rüttelverdichtung*. Veröffentlichung des Institutes für Bodenmechanik und Felsmechanik der Universität Fridericiana in Karlsruhe, Heft 9.

LE VEQUE, R. (1992): *Numerical Methods for Conservation Laws, Lectures in Mathematics.* Birkhäuser Verlag, ETH Zürich, ISBN 3-8176-2723-5.

LE VEQUE, R. (1994): *Clawpack - a software package for solving multi-dimensional conservation laws.* In *Proceedings of the 5th International Conference on Hyperbolic Problems.* Stony Brook. http://netlib.bell-labs.com/netlib/pdes/claw/index.html.

LE VEQUE, R. (1995): *CLAWPACK, A Software Package for Conservation Laws and Hyperbolic Systems.* http://www.amath.washington.edu/~rjl/clawpack.html.

LUBLINER, J. (1990): *Plasticity theory.* Collier Macmillan Publishers, London, ISBN 0-02-372161-8.

MAKRIS, N. und GAZETAS, G. (1992): *Dynamic pile-soil-pile interaction. Part II: Lateral and seismic response.* Earthquake Engineering and Structural Dynamics, 21(1):145–162.

MAKRIS, N. und GAZETAS, G. (1993): *Displacement phase differences in a harmonically oscillating pile.* Géotechnique, 43(1):135–150.

MALVERN, L. (1969): *Introduction to the mechanics of a continuous medium.* Prentice-Hall, Englewood Cliffs, New Jersey.

MASSARSCH, K. (1991): *Vibration Problems In Soft Soils.* Technischer Bericht 1, Geo Engineering SA, Waterloo, Belgium.

MASSARSCH, K. und WESTERBERG, E. (1993): *Innovative Entwicklungen bei der Tiefenverdichtung am Beispiel des MRC Verfahrens. keine Angabe.*

METZGER, G. und KÖRNER, R. (1975): *Modeling of Soil Densification by Vibroflotation.* Journal of the Geotechnical Engineering Division, ASCE, 101:417–421.

MORGAN, J. und THOMSON, G. (1983): *Instrumentation Methods for control of ground density in deep vibrocompaction.* In *Proceedings of the 8th European Conference on Soil Mechanics and Foundation Engineering.* Helsinki.

NIEMUNIS, A. und HERLE, I. (1997): *Hypoplastic model for cohesionless soils with elastic strain range.* Mechanics of Frictional and Cohesive Materials, 2:279–299.

NIKITIN, L. (1998): *Problem der Entlastung für Materialien des Typs KGB (Kolymbas, Gudehus, Bauer). persönliche Mitteilung, in Russisch.*

NOVAK, M. (1974): *Dynamic Stiffness and Damping of Piles.* Canadian Geotechnical Journal, 11(4):574–598.

NOWACKI, W. K. (1978): *Stress waves in non-elastic solids.* Pergamon Press Ltd., ISBN 0-08-021294-8.

O'REILLY, M. und BROWN, S. (1991): *Cyclic Loading of Soils: from theory to design.* Blackie and Son Ltd, ISBN 0-216-92898-2.

O'RIORDAN, N. (1991): *Effects of cyclic loading on long term settlements of structures.* In *Cyclic Loading of Soils: from theory to design* (O'REILLY, M. und BROWN, S., Editoren), Kapitel 9, Seiten 411–433. Blackie and Son Ltd, ISBN 0-216-92898-2.

PESCHL, G., POHL, H. et al. (1995): *Flächendeckende Verdichtungskontrolle im Erdbau durch geo-elektrische Impetanz-Tomographie. Geotechnik*, 18:58–64.

POTEUR, M. (1968a): *Beitrag zur Untersuchung des Verhaltens von Böden unter dem Einfluß von Tauchrüttlern. Baumaschine und Bautechnik - 15. Jahrgang*, 11:441–450.

POTEUR, M. (1968b): *Beitrag zur Untersuchung des Verhaltens von Böden unter dem Einfluß von Tauchrüttlern.* Dissertation, Fakultät für Bauwesen der technischen Hochschule München.

POTEUR, M. (1971): *Beitrag zur Tauchrüttelung in rolligen Böden. Baumaschine und Bautechnik - 18.Jahrgang*, 7:303–309.

ROBERTS, A. (1994): *A one-dimensional introduction to continuum mechanics. World Scientific Publishing Co. Pte. Ltd. ISBN 981021911 3X.*

RODDEMAN, D. (1997): *A hypoplasticity routine for ABAQUS.* http://info.uibk.ac.at/c/c8/c813/res/FEhypo.html.

SCHEARER, M. und SCHAEFFER, G. D. (1996): *Rieman Problem for 5x5 Systems of fully non-linear equations related to hypoplasticity. Mathematical Methods in the Applied Sciences*, 19:1433–1444.

SEKOWSKI, J. (1992): *Investigations in Influence of Vibration Parameters on Compacting of Cohesionless Soils.* In *Grouting, Soil Improvement and Geosynthetics*, volume 2, Seiten 969–980. Geotechnical Spezial Publication. ISBN 0-87262-865-5.

SIMONS, H. und KAHL, M. (1987): *Experimentelle Untersuchungen zur Verdichtung norddeutscher Sande mit Tiefenrüttlern.* IRB-Verlag, Stuttgart.

SMOLTCYK, U. (1991): *Grundbau–Taschenbuch*, volume 2. Ernst & Sohn, Berlin, 4. Ausgabe.

SOD, G. (1985): *Numerical methods in fluid dynamics.* Cambridge University Press. ISBN 0-521-25924-X.

STROBEL, R. (1981): *Eine neue Generation von Tiefenverdichtern. BMT - Baumaschine und Technik*, Seiten 99–101.

SUN, C. und LU, Y. (1995): *Vibration Damping of Structural Elements.* Prentice Hall PTR, ISBN 0-13-079229-2.

THORBURN, S. (1975): *Building structures supported by stabilized ground. Géotechnique*, 25:83–94.

VON WOLFFERSDORFF, P.-A. (1996): *A hypoplastic relation for granular materials with a predefined limit state surface. Mechanics of Cohesive-Frictional Materials*, 1:251–271.

WELSCH, P. (1987): *Soil improvement - a ten year update.* In *Geotechnical Special Publication No. 12*, Seiten 88–91. American Society of Civil Engineers, ISBN 0-87262-598-2.

WOLF, J. (1994): *Foundation Vibration Analysis Using Simple Physical Models.* PTR Prentice-Hall, ISBN 0-13-010711-5.

Index

9 789058 093141